Rohitkumar Patel
Pradip Patel
Ashish Kumar

Recursos biológicos e meios de subsistência

Rohitkumar Patel
Pradip Patel
Ashish Kumar

Recursos biológicos e meios de subsistência

ScienciaScripts

Imprint

Cover image: www.ingimage.com

This book is a translation from the original published under ISBN 978-620-2-07362-2.

Publisher:
Sciencia Scripts
is a trademark of
Dodo Books Indian Ocean Ltd. and OmniScriptum S.R.L publishing group

120 High Road, East Finchley, London, N2 9ED, United Kingdom
Str. Armeneasca 28/1, office 1, Chisinau MD-2012, Republic of Moldova, Europe
Printed at: see last page
ISBN: 978-620-7-84982-6

ÍNDICE

PREFÁCIO E RECONHECIMENTO

O livro baseia-se num estudo efectuado pelo Instituto de Ecologia do Deserto de Gujarat, Bhuj, para a Avaliação Ambiental Regional nas partes ocidentais do distrito de Kachchh, Gujarat. A parte ocidental de Kachchh é uma das regiões mais atrasadas do ponto de vista económico de Gujarat, na Índia, e é conhecida pelas suas condições climáticas adversas, pela escassa cobertura vegetal e pelo baixo potencial de produtividade dos recursos da biodiversidade.

Atualmente, já se percebeu que os recursos da biodiversidade podem ser aproveitados para proporcionar meios de subsistência às populações locais. Este livro apresenta uma panorâmica geral e uma avaliação científica dos recursos da biodiversidade na região ocidental de Kachchh e apresenta algumas técnicas de monitorização potenciais para a conservação a longo prazo e a utilização sustentável destes recursos para a subsistência das comunidades locais.

Estamos gratos aos nossos colegas, incluindo o Dr. V Vijay Kumar, o Dr. B. Anjan Kumar Prusty, o Dr. Pankaj N Joshi, o Dr. G A Thivakaran, o Dr. Manojkumar Pardeshi, o Shri Nikunj Gajera, o Shri Hiren Ayear, o Shri Darsh K Worah e a Sra. Sonali Pati pela sua contribuição. Agradecemos também o apoio da Gujarat Mineral Development Corporation e dos seus funcionários para a realização de inquéritos no terreno.

CAPÍTULO 1 AVALIAÇÃO DOS RECURSOS FITOSSANITÁRIOS

1.1 Introdução

Os ecossistemas florestais têm funções importantes do ponto de vista ecológico e fornecem serviços essenciais para manter o sistema de suporte de vida. O estudo da associação de comunidades vegetais é muito importante para compreender a vegetação de qualquer área. A vegetação desempenha um papel crucial no planeamento ambiental porque as plantas fornecem serviços básicos que ajudam a manter a vida na Terra. O estudo da dinâmica da comunidade vegetal e da diversidade de espécies é um aspeto importante da ecologia florestal que implica a contribuição de várias espécies na determinação da estrutura de um determinado tipo de habitat. A produção de informações sobre a diversidade e a distribuição de espécies arbóreas e arbustivas é de importância primordial para o desenvolvimento de estratégias de conservação e gestão (Kumar *et al.*, 2006).

Devido à situação geográfica e às condições fisioclimáticas prevalecentes, a região de Kachchh, no oeste de Gujarat, suporta um conjunto genético distinto, distribuído em vários habitats, como florestas tropicais de espinhos, prados, savanas, mangais, desertos salinos e zonas húmidas de água doce. O nosso estudo centrou-se na parte ocidental de Kachhh, que engloba os talukas de Lakhpat e Nakhatrana do distrito de Kachchh. Embora estas florestas se encontrem dispersas por todo o distrito, são predominantemente registadas nesta região. Estas florestas representam a principal categoria de vegetação no local de estudo do nosso projeto. É de notar que uma grande parte destas florestas, ou seja, cerca de 1185 km^2 de área que constitui 84% das florestas de espinhos na parte ocidental de Kachchh, permanece desprotegida e, por conseguinte, não é objeto de gestão para manter o coberto vegetal ou melhorar o habitat. Apenas 228 km^2 destas florestas estão confinados ao santuário de Narayan Sarovar e beneficiam de proteção legal.

Em geral, devido à fraca formação de copas, estas florestas formam uma cobertura de copa aberta que é constituída principalmente por *Acacia Senegal* e *A. nilotica.* A ocorrência e a distribuição das espécies co-dominantes variaram muito na área de estudo devido à elevada variabilidade da taxonomia do solo, dos regimes de humidade e das formações geológicas específicas do local. Essas espécies incluem *Euphorbia caducifolia, Grewia tenex, Cordia perrottetii, Salvadora oleoides, S. persica* e *Capparis decidua.* A invasão de *Prosopisjuliflora* é muito comum nestas florestas, o que alterou a composição florística e a estrutura da vegetação. Existem várias espécies de importância para a conservação, como *Commiphora wightii, Coralocarpus conocarpus, Citrullus colocythis, Ephedra foliata, Helichrysum cutchicum, Heliotropium bacciferum, H. rariflorum* e *Indigofera caerulea.*

A exploração mineira é uma importante atividade de desenvolvimento na região ocidental de Kachchh, que promove várias outras actividades económicas e contribui substancialmente para as economias locais e regionais. Estas actividades de desenvolvimento vigoroso estão a causar impacto no solo e no ecossistema, o que leva à perda do coberto vegetal e da diversidade de espécies. Além disso, as cargas excessivas das minas de carvão, quando despejadas em zonas não exploradas, criam resíduos de minas, que também afectam o coberto vegetal circundante e a diversidade das espécies vegetais.

Foram efectuados muito poucos estudos sobre o levantamento florístico da região e existe pouca informação disponível sobre a estrutura da comunidade vegetal, pelo que tentámos descobrir a diversidade de espécies, a distribuição e a estrutura geral da comunidade através de uma avaliação da vegetação em grande escala ao nível da paisagem em três complexos mineiros de Panadhro, Mata na madh e Jadva. A avaliação da vegetação ao nível da paisagem, tal como apresentada neste capítulo, avalia a diversidade florística em termos de árvores, arbustos e trepadeiras e discute o padrão da estrutura da comunidade em vários tipos de ocupação do solo e de habitat.

Os objectivos do presente estudo consistem em estudar as espécies vegetais em diferentes habitats e coberturas de terra da região ocidental de Kachchh para as comparar com base na sua composição de espécies. Realizámos um estudo para investigar os seguintes objectivos

1. Examinar a diversidade, o padrão de distribuição e a estrutura da comunidade de espécies vegetais em vários habitats;

2. examinar as ameaças existentes às espécies vegetais em geral; e

3. Fornecer recomendações de gestão para a conservação das espécies vegetais da região.

1.2 Estudos florísticos

Na região ocidental de Kachchh, os estudos sobre os aspectos florais limitam-se a alguns estudos de avaliação específicos do local. A avaliação foi efectuada principalmente para estudos do tipo AIA e PGA. Durante estes estudos, o santuário de Narayan Sarovar e o complexo mineiro de Mata-Na-Madh, Umarsar e Akrimota foram objeto de uma boa amostragem dos componentes florais. No entanto, esta região foi bem estudada por J.B. Bhatt (1993) durante o seu trabalho de doutoramento. Ele explorou a região para o estudo floral entre 1986 e 1990. Para facilitar a descrição da vegetação, a área de estudo foi dividida em três zonas: 1. Bhuj-Nakhatrana e áreas circundantes, 2. Nalia-Jakho e áreas circundantes e 3. Lakhpat-narayan Sarovar e áreas circundantes. A ênfase foi dada ao estudo da flora presente na área de maior profundidade e foi dada especial atenção às áreas de floresta montanhosa. As áreas seleccionadas da zona de estudo foram intensamente exploradas através de visitas de campo. Cada faixa foi visitada pelo menos duas vezes por estação. Além disso, durante a estação das monções, foram feitas tentativas frequentes para recolher espécies importantes de plantas efémeras que completam o seu ciclo de vida num curto espaço de tempo durante o início da monção. Todas as plantas foram recolhidas nas fases de floração e frutificação e identificadas. A identificação das plantas foi efectuada com base na literatura, nomeadamente

Flora of Presidency of Bombay de Cooke, Flora of British India de Hooker, Flora of Gujarat State de Shah e outras floras relacionadas. A identificação foi ainda confirmada por referência a várias floras, como a

Flora of Saurashtra de Santapau, a Flora of North-East Rajasthan de Sharma e Tiagi. A identificação de alguns espécimes duvidosos foi efectuada no Blatter Herbarium (Mumbai) e no Botanical Survey of India (Pune).

Além disso, a recolha de espécimes disponíveis foi feita a partir de trabalhadores anteriores da área e foram também incorporados na tese após identificação correcta. Como resultado deste estudo, registou 518 espécies de plantas da área de estudo. Registou pela primeira vez espécies de plantas novas e interessantes desta região. Plantas como *Ipomoea kotschyana* e *Chascanum marubifolium* foram os novos registos intercalares para o subcontinente indiano. Plantas como *Stylosanthes fruticosa*, *Sida tiagii*, *Heliotropium bacciferum* var. suberosum e *Campylanthus ramosissimus* foram registadas pela primeira vez no estado de Gujarat. Além disso, foram acrescentadas muitas novas localidades para um número de plantas raras anteriormente registadas. Verificou que a distribuição de *Capparis cartilaginea* e *Solanum albicaule* se restringe à região ocidental de Kachchh. Enquanto plantas como *Limonium stocksii, Stragalus prolixux, Glossonema varians, Anticharis engalensis* e *Schweinfurthia pterosperma* estão quase ausentes da região ocidental de Kachchh, mas ocorrem noutras partes do distrito. O autor constatou que as plantas *Polycarpaea spicata*, *Zygophyllum simplex* e *Pocralea plicata*, registadas como comuns e muito comuns por trabalhadores anteriores, foram consideradas raras ou ausentes no seu estudo. Além disso, registou muitas espécies de plantas cuja distribuição não é mencionada na região de Kachchh na "flora do Estado de Gujarat" (G.L. Shah, 1980). C. T. Palin registou 200 espécies de plantas de diferentes partes dos distritos em 1880 e 964 espécies de plantas registadas em Bhuj e Mandavi taluka (Joshi, 2004). A região de Kachchh apresenta uma grande diversidade de espécies e comunidades vegetais. A floresta espinhosa do deserto tropical é um tipo de floresta único com diversidade de várias formas de vida das plantas. Foram registadas 39 espécies de plantas com importância para a conservação no estado de Gujarat, das quais 23 espécies ocorrem em Kachchh. No entanto, um estudo recente sobre a biodiversidade ameaçada registou apenas 20 espécies. Destas, 19 espécies foram encontradas em Kachchh ocidental (GUIDE, GES e MSU, 2003).

1.3 Estudos fitossociológicos

Em 1997, o GEC efectuou um estudo sobre a recuperação ecológica do sítio mineiro de Panandhro da GMDC. Foram realizadas amostragens dos componentes florais cobrindo a área não minada, a área de descarga e o local de mineração ativa. Neste estudo, foram estabelecidas parcelas de 10 m de raio com um intervalo de 200 m para a amostragem de espécies arbóreas e a amostragem das espécies herbáceas foi efectuada em quadrículas de 1 m x 1 m. Os arbustos foram amostrados nas mesmas parcelas das árvores. Como resultado do estudo, foram registadas 12 espécies de árvores da floresta de reserva de Kaniari e Mindhiari, das quais 7 espécies foram registadas nas lixeiras (com crescimento atrofiado). Da mesma forma, foram registadas 7 espécies de arbustos nas lixeiras, em comparação com 16 espécies na área florestal. No total, foram registadas 17 espécies de arbustos e 16 espécies de gramíneas; apenas 5 ervas e 9 espécies de gramíneas foram encontradas na floresta, enquanto 16 espécies de ervas e 14 espécies de gramíneas foram registadas nas lixeiras. Entre as árvores, *a Acacia Senegal* foi considerada ecologicamente bem representada na área florestal, com um IVI de 36,96%. Entre as outras espécies, a A. nilotica foi notável pela sua abundância (RD 29,54%) e tamanho (RDO 21,60%), enquanto *a Salvadora oleoides* e a *Prosopis juliflora* se encontravam amplamente distribuídas (RF 16,59 e 13,97%), respetivamente. No caso das espécies arbustivas na área florestal, *Grewia tenex* foi a mais abundante (RD 29,32%) e amplamente distribuída (RF 29,49%), seguida por *Mimosa hamata* (RD 20,42%), *Grewia villosa* (15,18%) e *Cardia* (13,19%) *sp* em termos de abundância e por *Grewia villosa, Cardia sp.* e *Mimosa hamata* em termos de distribuição (RF 19,23%, 14,95% e 10,68%, respetivamente). As espécies de gramíneas e ervas eram mais numerosas nas áreas mineiras do que nas áreas florestais, mas a cobertura de gramíneas era comparativamente maior (22,38%) na área florestal do que nas lixeiras (3,19%). Entre as espécies de gramíneas, *Aristida funiculata* era comum tanto na floresta (RF 38,64%) como nas áreas de mineração (RF 22,41%). Outras espécies comuns nessas áreas incluem *Sporobolus diander, Desmostachya bipinnata, Cenchrus setigerus* e *Iseilema laxum. Aristida adscensionis* foi mais comum nas zonas mineiras (RF 12,93%) do que nas zonas florestais (RF 6,82%).

GUIDE e GEER (2001) efectuaram estudos sobre o estado do Santuário de Narayan Sarovar. Neste estudo, foi efectuada uma avaliação das árvores, arbustos e gramíneas. A amostragem das espécies arbóreas foi efectuada em parcelas circulares de 20 m de raio ao longo de uma linha fixa de transectos com um intervalo de 250 m. Nas parcelas, as plantas lenhosas com mais de 9 cm de perímetro à altura do peito (GBH) foram medidas quanto ao seu perímetro e altura e as plantas com menos de 10 cm de perímetro foram consideradas arbustos e enumeradas por espécie. Para obter as melhores estimativas, os dados sobre as espécies de ervas/gramíneas foram recolhidos nos meses após a monção. Para o efeito, foram colocadas três quadrículas de 1m X 1m nas parcelas de amostragem. A abundância das espécies em cada quadrado foi estimada utilizando o método de interceção pontual modificado, colocando duas fitas métricas graduadas de 140 cm de comprimento na diagonal. Em cada marca de 10 cm, foi registada a presença da espécie. A altura média (em cm) e a percentagem de cobertura vegetal foram registadas para cada quadrado. O coberto arbóreo, herbáceo e herbáceo foi registado visualmente em 5 classes de coberto com um intervalo de 20%. Além disso, a estimativa da cobertura de gramíneas/herbáceas foi efectuada pelo método de duas etapas de Sale e Berkmueller (1988). No total, foram amostradas 466 parcelas para todos os componentes florais. Como resultado deste estudo, 180 géneros e 255 espécies de plantas pertencentes a 59 famílias angiospérmicas e uma família gimnospérmica. As dicotiledôneas foram representadas por 206 espécies (52 famílias) e as monocotiledôneas por 48 espécies (7 famílias). Poaceae, com 35 espécies, foi a família mais dominante, seguida por Fabaceae (22 espécies) e Asteraceae (11 espécies). O número máximo de espécies era de ervas (109) e arbustos (57), enquanto o mínimo (35) de espécies era de gramíneas. Durante o estudo, 11 espécies de plantas pertenciam à categoria ameaçada descrita no Livro Vermelho das Plantas Indianas, nomeadamente *Camphylanthus ramosissimus, Citrullus colocynthis, Commiphora wightii, Dipcadi erythraeum, Helicrysum cutchicum, Heliotropium bacciferum, H. rariflorum, Ipomoea kotshyana, Indigofera caerulea, Tribulus rajasthanensis e Ephedra foliata.* Sing (2001) mencionou 252 espécies de plantas com flor do NSS, que incluem 11 espécies raras. Além disso, identificou nove tipos principais de habitat identificados no santuário. Espécies como *Acacia nilotica, A. Senegal, A. leucophola, Zizyphus sp., Euphorbia sp., Prosopis juliflora, Commiphora wightii, Tamarix diocia, Balenitis sp., Capparis sp., Carissa sp., Suaeda sp.* foram mencionadas como espécies vegetais dominantes no santuário.

Em 2006, o GMDC efectuou uma avaliação rápida do impacto ambiental da mina de lenhite de Umarsar. No âmbito deste estudo, foram efectuados levantamentos exaustivos nas zonas florestais e no Santuário de Narayan Sarovar. Foi registado um total de 81 espécies florais. O número máximo de espécies registadas foi de 48 árvores, 23 arbustos e ervas, 6 trepadeiras e 4 gramíneas. Foram também registadas algumas espécies de árvores na plantação, nomeadamente *Tamarindus indiaca, Bombax ceiba, azadirachta indica, Ailanthus excelsa, Bauhinia racemosa, Butea monosperma, Delonix elata, Lagerstroemia spaciosa, Pongamia pinnata, Terminalia catappa, Cassia siamea, Acacia auriculiformis e Curiculiformis e Casurina equisetifolia.*

1.4 Metodologia de recolha de dados

Os métodos de avaliação da vegetação para várias formas de vida vegetal, como árvores, arbustos, trepadeiras, ervas e gramíneas, variam muito em termos de recolha de dados, caraterização, classificação e identificação (Bhatt, 1993). Antes dos levantamentos de campo, a área de estudo foi estratificada em várias categorias de ocupação do solo, tais como florestas, prados, zonas húmidas e agricultura. As florestas e os prados foram ainda subdivididos em habitats distintos, tais como floresta *de acácia* (AF), floresta de *Euphorbia-Salvadora* (ES), floresta mista de espinhos (MTF) e floresta de *Prosopis* (PF), prados densos (DG) e prados esparsos (SG). Após a estratificação, toda a área foi dividida em grelhas de 5 x 5 km utilizando o sistema de coordenadas geo-referenciadas do Survey of India. Essas grelhas foram subdivididas em grelhas mais pequenas de 1 x 1 km e foi estabelecido um total de 180 transectos (Figura 1.1) em grelhas seleccionadas aleatoriamente, utilizando uma tabela de números aleatórios (Quadro 1.1). A amostragem aleatória estratificada foi utilizada para estabelecer amostras de 1,1 km (n=180 transectos) de diferentes habitats. Todos os transectos foram colocados na diagonal de uma grelha de 1x1 km escolhida ao acaso. Procurou-se obter uma amostragem adequada em cada uma das características topográficas através de gradientes laterais e verticais, como a amplitude altitudinal e o terreno, e espacialmente dentro de cada tipo de habitat.

Para efetuar a contagem da vegetação da área de estudo, foi utilizada uma técnica simples, sistemática e pré-determinada. Foram estudados vários habitats utilizando os métodos de transecto e quadrado, tal como sugerido por Misra (1968) e Muller-Dombois e Ellenberg, (1974) para registar as várias características das espécies de árvores, arbustos e trepadeiras. Utilizámos um transecto de 1,1 km de comprimento (180 no) para o levantamento da vegetação (Quadro 1.1).

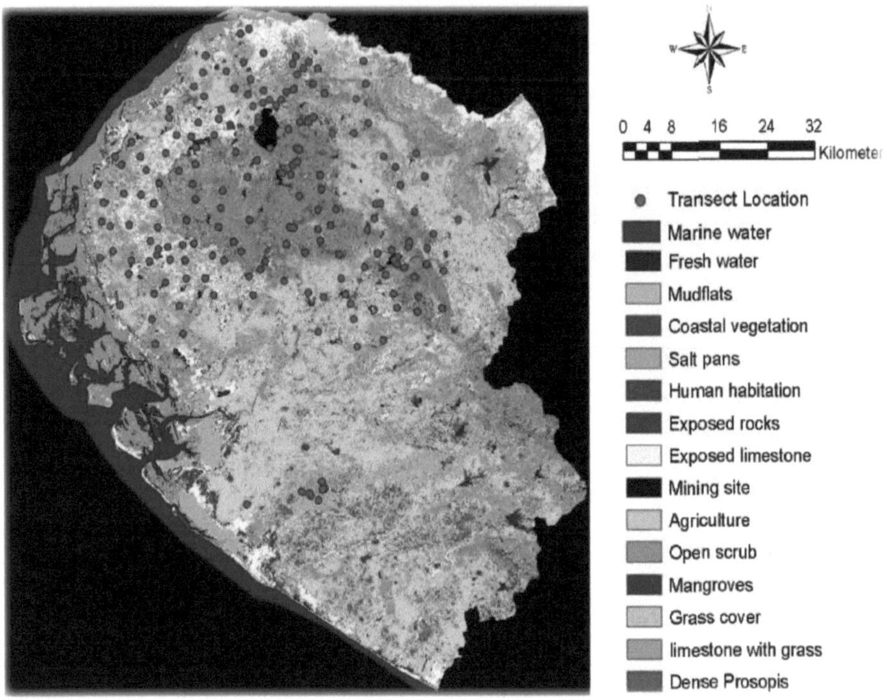

Figura 1.1: Localização do ponto de amostragem

Tabela 1.1: Distribuição das amostras na área de estudo

Habitat	# Transectos	# Grelha	# Aldeia
1.Floresta	125	67	87
1a. Floresta de *acácias*	26	18	21
1b. Floresta de *Euphorbia-Salvadora*	25	23	22
1c. Floresta mista de espinheiros	47	33	42
1d. Floresta de *Prosopis*	27	21	21
2. prados	36	29	28
2a. Prados densos	10	5	3
2b.Prados e pastagens esparsos	26	24	25
3. Zona húmida	6	6	6
4.Agricultura	13	10	12

Determinámos o tamanho do quadrado através do método da Curva de Área das Espécies. Estabelecemos uma série de quadrats de 20m x 20m para a enumeração das espécies arbóreas e de 8m x 8m para as espécies arbustivas e trepadeiras. Foram recolhidas as informações sobre as árvores e o seu perímetro à altura do peito (GBH) para cada árvore encontrada, enquanto no caso das espécies arbustivas apenas foram contados os números de indivíduos em vários quadrats. O GBH foi medido a

130 cm acima do nível do solo e a área basal do caule da árvore foi calculada assumindo que os caules eram circulares. A Flora do estado de Gujarat (Shah, G. L. 1978), a Flora do deserto indiano (Bhandari, M.M., 1990) e as gramíneas de Bombaim (Blatter, E. e McCann, C., 1984) foram utilizadas para identificar várias espécies de plantas recolhidas na área de estudo. Os espécimes de plantas recolhidos foram depositados na secção de herbário do Instituto de Ecologia do Deserto de Gujarat. Bhuj. Foram utilizadas fontes secundárias, incluindo literatura publicada, como WCMC (1994) e Red Data book of Indian Plants (Nayar, M.P. e Sastry, A.R.K., 1987, 1988, 1990) para identificar as espécies de plantas raras, em perigo e ameaçadas.

1.5 Análise da composição, distribuição e diversidade das espécies

A análise fitossociológica de uma comunidade vegetal é um aspeto importante do estudo ecológico de qualquer pedaço de vegetação, uma vez que revela a disposição estrutural dos vários componentes da comunidade vegetal e ajuda a compreender a dinâmica da comunidade. Foram estudadas as características da comunidade vegetal na zona de extração de carvão da região ocidental de Kachchh e nas suas imediações. Para conhecer as características gerais da vegetação da zona de estudo, foram identificados vários tipos de ocupação do solo e de habitat. E para conhecer o impacto da extração de carvão na vegetação, a área de estudo foi dividida em várias zonas com um intervalo de 2 km em relação a três centros mineiros. As características quantitativas da comunidade, como a densidade, a abundância, a frequência percentual, a área basal e o Índice de Valor Importante (IVI) de cada espécie, foram determinadas de acordo com os métodos descritos por Misra (1968) e Muller-Dombois & Ellenberg (1974). O padrão de distribuição foi analisado utilizando o valor da abundância e da % de frequência. Uma frequência elevada e uma abundância baixa de uma espécie indicam uma distribuição regular, no entanto, uma frequência baixa e uma abundância elevada indicam uma distribuição contagiosa das espécies (Misra, 1968)

A % de frequência de cada espécie foi calculada e colocada nas respectivas classes de frequência, como sugerido por Raunkiaer (1934). Além disso, os índices de diversidade e de similaridade das espécies foram calculados utilizando as seguintes fórmulas:

(A) Índice de diversidade de Shannon Weiner (H') H'= £ Pi x In (Pi)

Onde:

H = índice de diversidade de espécies

pi = proporção da amostra total pertencente à i-ésima espécie

In = logl natural

(B) Índice de diversidade de Simpson (D):

D = 1 - Dominância. Medir a "uniformidade" da comunidade de 0 a 1

(C) Índice de riqueza de Menhinick - a razão entre o número de taxa e a raiz quadrada do tamanho da amostra

(D) Índice de riqueza de Margalef (Rl)

Rl = S - 1/ln (n)

(E) Dominância: 1 - Índice de Simpson. Varia entre 0 (todos os taxa estão igualmente presentes e 1 uma espécie dominante na comunidade).

D = soma ((ni/n)$^{2)}$ em que *ni* é o número de indivíduos da espécie *i*.

(F) Equitabilidade (El ou J'): Diversidade de Shannon dividida pelo logaritmo do número de taxa. Mede a equidade com que os indivíduos estão divididos entre os taxa presentes. J' = H'/In(S)

Onde n= número total de indivíduos, S= número total de espécies

(G) Equilíbrio de Buzas e Gibson: e /S^{H}

A análise de rarefação foi realizada utilizando o software Biodiversity Pro (Biodiversity 1997 NHM & SAMS, http://www.nhm.ac.uk/zoology/bdpro) para lidar com o problema da comparação da diversidade entre as várias categorias de ocupação do solo ou de habitat avaliadas durante o presente estudo.

A análise de variância (ANOVA) foi utilizada para analisar as diferenças entre variáveis específicas, incluindo o número de espécies, a densidade, o índice de diversidade de Shannon, o índice de diversidade de Simpson, o índice de dominância, o índice de uniformidade, o índice de riqueza de espécies de Menhinick, a riqueza de espécies de Margalef, o índice de equilibilidade (Harpar, 1999). Estas variáveis representativas da diversidade de espécies vegetais foram avaliadas em cada classe de ocupação do solo, como floresta, prado, zona húmida e agricultura; habitat como AF, ES, MTF, PF, DG e SG Análise das características da comunidade

Índices de similaridade: O coeficiente de similaridade de Jaccard (Sj) é utilizado para avaliar a similaridade dos sítios e utiliza dados de presença/ausência. Tal como este, o índice de semelhança de Sorenson (SI) também analisa a semelhança de pares de habitats em termos de presença de espécies, mas dá maior preferência às espécies que são comuns aos sítios em comparação com as que se encontram em sítios únicos. A fórmula para calcular estes dois índices é a seguinte

Sj = a/ (a+b+c) e Ss = 2a/ (2a+b+c).

Em que Sj = coeficiente de similaridade de Jaccard e Ss = coeficiente de similaridade de Sorenson, a = número de espécies comuns (partilhadas) aos sítios, b = número de espécies exclusivas do primeiro sítio e c = número de espécies exclusivas do segundo sítio.

Além disso, a análise de agrupamento, que é uma técnica hierárquica, aglomerativa e politética de agrupamento, foi utilizada para quantificar a semelhança entre as comunidades vegetais que habitam várias zonas mineiras. A análise de agrupamento foi efectuada sobre os dados de abundância de espécies vegetais obtidos através de um levantamento por transectos, utilizando a técnica das variâncias mínimas, também conhecida como método de Ward, que tem sido reconhecida como a melhor forma de classificar as comunidades ecológicas e de identificar a estrutura da comunidade (Ludwig & Reynolds,

1988). A análise de agrupamentos gerou um dendrograma que fornece grupos ou agrupamentos hierarquicamente aninhados, representando comunidades vegetais distintas, que foram representadas por subagrupamentos.

1.6 Classificação dos habitats

Para atingir os nossos objectivos, toda a área de estudo foi estratificada em quatro categorias de ocupação do solo que incluem matos (SF), pastagens (GL), agricultura (AGR) e zonas húmidas (W). O coberto florestal foi subdividido em quatro habitats, tais como (1) Floresta de *Acácia* (AF), dominada por *Acácia Senegal* e *Acácia nilotica,* (2) *Euphorbia-Salvadora* (ES), com uma composição de espécies maioritariamente composta por *Euphorbia caducifolia, Salvadora persica* e *S. oleoides,* (3) Floresta mista de espinhos (MTF), com uma grande diversidade na composição de espécies espinhosas, e (4) Floresta de *Prosopis*, altamente invadida por *Prosopisjuliflora.* Os prados foram subdivididos em (1) Prados esparsos com um tipo de habitat de savana e (2) Prados densos, dominados por manchas puras de uma extensa cobertura de ervas. O número de espécies, a densidade, o índice de diversidade de Shannon, o índice de riqueza de espécies de Menhinick e a uniformidade são descritos em pormenor, enquanto o índice de Margalef, a equitabilidade, a dominância e o índice de diversidade de Simpson são apresentados sob a forma de tabela para as espécies arbóreas, arbustivas e trepadeiras da área (Anexos 1.3, 1.4, 1.5, 1.6, 1.7 e 1.8).

1.7 Composição florística

O distrito de Kachchh é abrangido pelo clima árido a semi-árido, demarcado pelas xerófitas ou espécies de plantas maioritariamente anuais. Durante o presente estudo, foi registado um total de 327 espécies de plantas (incluindo uma gimnospérmica, *Ephedra foliata)* pertencentes a 63 famílias e 210 géneros (Anexo 1). Destas, 14 espécies são de importância para a conservação, incluindo as espécies de gimnospermas acima mencionadas (Anexo 2). A família Poaceae foi a mais dominante com 45 espécies, seguida por Fabaceae e Convolvulaceae com 24 e 20 espécies. Foram registadas 24 famílias com 24 espécies e 27 famílias com uma única espécie. As plantas dicotiledóneas foram representadas com 81% (n=264 espécies), com 7% de árvores/pequenas árvores, 15% de arbustos/subarbustos e 12% de trepadeiras/trepadeiras/parasitas e 50% de ervas; enquanto que o grupo das monocotiledóneas foi representado por 19% de espécies de gramíneas e juncos.

A abundância e o rácio de frequência % revelam que todas as espécies estavam distribuídas de forma contagiosa, enquanto a comunidade vegetal global era heterogénea na natureza, como revela o diagrama de frequência. *A Acacia Senegal* e a *Salvadora oleoides* foram as espécies mais dominantes com um valor IVI elevado (76,60). O número médio ± DP de espécies arbóreas, arbustivas e trepadeiras foi de 4,18 ± 0,14, 9,12 ± 0,30 e 3,37 ± 0,17, respetivamente. A densidade média ± DP para árvores, arbustos e trepadeiras foi de 122,58 ± 5,75, 285 ± 8,97 e 56,32 ± 3,72, respetivamente. O valor do índice de diversidade de Shannon para as árvores, os arbustos e as trepadeiras tem uma média ± DP de 1,01 ± 0,03, 1,71 ± 0,05 e 0,88 ± 0,05, respetivamente. O valor do índice de riqueza de espécies (índice de

Menhinick) de árvores, arbustos e trepadeiras tem uma média ± DP de 0,91 ± 0,029, 1,21 ± 0,03 e 1,00 ± 0,032, respetivamente. A equidade das espécies de árvores, arbustos e trepadeiras tem uma média ± DP de 0,75 ± 0,01, 0,71 ± 0,01 e 0,88 ± 0,007, respetivamente. A Acácia e a floresta mista de espinhos apresentaram o maior número de árvores, enquanto a *Euphorbia-Salvadora* e a *Prosopis* apresentaram mais espécies arbustivas. A comunidade de prados tinha a maior composição de espécies de gramíneas, seguida de ervas. A agricultura e as zonas húmidas são muito pobres em composição de espécies diversas.

1.7.1 Floresta (F)

Registou-se um total de 304 espécies de plantas, das quais 23 árvores, 49 arbustos e 38 trepadeiras, 152 ervas e 42 gramíneas. *A Acacia Senegal* foi a espécie mais dominante e ecologicamente bem sucedida, com um valor de IVI de 105,56, seguida da *Salvadora oleoides* e da *Acacia nilotica*, com valores de IVI de 91,11 e 76,83, respetivamente. A abundância e o rácio de frequência % revelam que todas as espécies de árvores, arbustos e trepadeiras estavam distribuídas de forma contagiosa na área de estudo. O estudo comparativo com o diagrama de frequência normal revela a heterogeneidade da vegetação na natureza (Figura 1.2). A média ± DP do número de espécies foi de 4,18 ± 0,14, 9,12 ± 0,30 e 3,37 ± 0,17 de árvores, arbustos e trepadeiras, respetivamente. Foram frequentemente registadas espécies arbóreas como *Acacia senegal, A. nilotica, Salvadora persica, S. oleoides* e *Commiphora wightii,* espécies arbustivas como *Prosopis Juliflora, Grewia ten ex* e *G. villosa,* trepadeiras/galhos como *Pentatropis spiralis, Rhynchosia minima* e *Pergularia daemia.* A densidade de espécies arbóreas, arbustivas e trepadeiras, com média ± DP, foi de 122,58 ± 5,75, 285,5 ± 8,97 e 56,32 ± 3,72 n.º de indivíduos, respetivamente. Foram calculados vários índices de diversidade da comunidade florestal, *nomeadamente a* diversidade de Shannon, com uma média ± DP de 1,04 ± 0,45, 1,86 ± 0,55 e 0,91 ± 0,60 de espécies arbóreas, arbustivas e trepadeiras, respetivamente. A riqueza de espécies de Menhinik com média ± DP. foi de 0,90 ± 0,37, 1,29 ± 0,37 e 1,06 ± 0,37 de espécies arbóreas, arbustivas e trepadeiras, respetivamente. A equitabilidade das espécies com média ± DP foi de 0,73 ± 0,16, 0,70 ± 0,12 e 0,88 ± 0,10 de espécies arbóreas, arbustivas e trepadeiras, respetivamente.

A floresta é considerada a principal comunidade e, para conhecer a estrutura intensiva da comunidade e o padrão de diversidade, a floresta é categorizada em mais quatro tipos de habitat*:* floresta *de acácia* (AF), floresta de *Euphorbia-Salvadora* (ES), floresta mista de espinhos (MTF) e floresta de Prosopis (PF). Toda a categoria referida (considerada como tipo de habitat) é descrita com a sua estrutura de comunidade e padrão de diversidade em baixo.

1.7.2 Floresta de *acácias* (AF)

A floresta de acácias é constituída principalmente por espécies do género *Acacia, nomeadamente Acacia senegal, A. nilotica e A. leucoploea*, que formam a cobertura superior do dossel no habitat respeitado. Registou-se um total de 205 espécies de plantas superiores, que consistem em 16 árvores, 39 arbustos, 23 trepadeiras/trepadeiras, 103 ervas e 24 espécies de gramíneas. Nos vários transectos, o número de espécies de árvores, arbustos e trepadeiras tem uma média ± DP de 4,92 ± 2,09, 9,65 ± 3,45 e 3,2 ± 2,56, respetivamente. A densidade por hectare com média ± DP de árvore, arbusto e trepadeira é de 214,03 ± 51,69, 282,11 ± 111,06 e 55,6 ± 50,21, respetivamente. O índice de importância (IVI) das espécies arbóreas que ocorrem na floresta de *Acácia* representa que a *Acácia Senegal* (IVI = 134,86) e a *A. nilotica* (134,91) são espécies arbóreas ecologicamente bem sucedidas neste tipo de habitat, seguidas da *Salvadora oleoides* (37,44). A frequência % e o rácio de abundância dos três hábitos, árvore, arbusto e trepadeira, revelam que todas as espécies se distribuem de forma contagiosa com o tipo de habitat (Figura 7.3). O diagrama de frequência preparado a partir das classes de frequência revela que o tipo de vegetação do habitat específico era heterogéneo. O padrão de diversidade dentro do habitat foi avaliado por vários índices, *nomeadamente o* índice de diversidade de Shannon de vários hábitos com uma média ± DP de 0,86 ± 0,40, 1,89 ± 0,48 e 0,76 ± 0,70 de árvores, arbustos e trepadeiras, respetivamente, e o índice de riqueza de espécies de Menhnick com uma média ± DP de espécies de árvores, arbustos e trepadeiras de 0.75 ± 0,29, 1,29 ± 0,30 e 0,99 ± 0,40, respetivamente, enquanto que os valores de equitabilidade de árvores, arbustos e trepadeiras em média ± DP são 0,56 ± 0,15, 0,73 ± 0,12 e 0,90 ± 0,09, respetivamente.

1.7.3 Floresta de *Euphorbia-Salvadora* (ES)

As manchas florestais de *Euphorbia-Salvadora* estão bem distribuídas na zona ocidental de Kachchh. No total, foram registadas 222 espécies de vários hábitos, como 8 árvores, 33 arbustos, 26 trepadeiras, 115 ervas e 40 espécies de gramíneas no habitat. As espécies encontradas durante o transecto para árvores, arbustos e trepadeiras têm uma média ± DP de 4,32 ± 1,54, 11,56 ± 3,01 e 4,04 ± 2,15, respetivamente. As densidades por hector com média ± DP são 153,4 ± 71,62, 349,40 ± 124,71 e 68,6 ± 40,88 de espécies arbóreas, arbustivas e trepadeiras, respetivamente. A abundância e o rácio de frequência % dizem respeito à distribuição das espécies no habitat e, neste habitat, todas as espécies arbóreas, arbustivas e herbáceas estavam distribuídas de forma contagiosa na área. Os resultados comparativos revelam que o tipo de vegetação é heterogéneo, utilizando o diagrama de frequência para todos os hábitos (figura 7.4). O Índice de Valor Importante das espécies arbóreas sugere que a *Salvadora oleoides* (IVI = 162,45) é uma espécie ecologicamente bem estabelecida no habitat, seguida da *Acacia Senegal* (62,68) e da *Commiphora wightii* (47,74). O índice de diversidade de Shannon das árvores, arbustos e trepadeiras, com média ± DP, é de 1,09 ± 0,44, 2,07 ± 0,33 e 1,07 ± 0,57, respetivamente, e o índice de riqueza de espécies de Menhinick, com média ± DP, é de 0,83 ± 0.31, 1,40 ± 0,30 e 1,09 ± 0,38 para as árvores, arbustos e trepadeiras deste habitat, enquanto a equitabilidade das árvores, arbustos e trepadeiras, com média ± DP, é de 0,76 ± 0,11, 0,72 ± 0,12 e 0,85 ± 0,09. 1.9.4.

1.7.4 Floresta mista de espinhos (MTF)

A floresta mista de espinhos encontra-se normalmente na região árida e semi-árida. Foi registado um total de 243 espécies de plantas superiores neste habitat, incluindo 15 árvores, 44 arbustos, 29 trepadeiras, 127 ervas e 28 gramíneas. O número de indivíduos por hectare (densidade) de árvores, arbustos e trepadeiras foi, em média ± DP, de 152,40 ± 58,67, 349,40 ± 124,71 e 61,36 ± 53,23, respetivamente. *A Acacia Senegal* foi a espécie dominante com um bom sucesso ecológico de estabelecimento, com um valor IVI elevado - 130,37, enquanto a *Salvadora oleoides* (IVI = 76,99) e a *A. nilotica* (63,57) foram espécies co-dominantes. A abundância e o rácio de frequência % sugerem que todos os hábitos (árvore, arbusto e trepadeira) estão distribuídos de forma contagiosa na área. Como sugerido por Raunkiaer, o diagrama de frequência preparado foi comparado com a frequência normal, revelando a vegetação heterogénea do habitat (Figura 1.5). O índice de diversidade de Shannon das espécies arbóreas, arbustivas e trepadeiras com média ± DP foi de 1,09 ± 038, 2,07 ± 0,33 e 1,03 ± 0,54, respetivamente e a riqueza de espécies (índice de Menhinick) com média ± DP foi de 0,83 ± 0,41, 1,40 ± 0,30 e 1,12 ± 0,37 de árvores, arbustos e trepadeiras, respetivamente. Enquanto a equitabilidade das espécies de árvores, arbustos e trepadeiras, com média ± DP, foi de 0,76 ± 0,13, 0,72 ± 0,12 e 0,87 ± 0,10, respetivamente.

1.7.5 Floresta de *Prosopis* (PF)

A floresta de *Prosopis* encontra-se principalmente em zonas onde a água e o solo se encontram em muito más condições. Para combater a desertificação em zonas de clima árido a semi-árido, *a Prosopis juliflora,* uma espécie exótica introduzida na Índia, tem vindo a crescer a um nível agressivo nessa zona e a sua expansão também se verifica em algumas regiões importantes do ponto de vista ambiental. Em zonas de baixa precipitação e salinas, cresce bem em termos de taxa de dispersão agressiva. A região de Kachchh foi invadida por esta espécie exótica e ocupou uma área muito vasta do distrito. Na região ocidental de Kachchh, *a Prosopis juliflora* era a espécie dominante entre os vários componentes mistos de espinhos e formava o habitat dominante da *Prosopis*, tendo sido enumeradas várias manchas florestais dominantes de *Prosopis*. Registou-se um total de 179 espécies de plantas superiores com 7 árvores, 30 arbustos, 22 trepadeiras, 98 ervas e 22 gramíneas no habitat. A média ± DP da ocorrência de espécies em transectos para árvores, arbustos e trepadeiras é de 3,07 ± 1,40, 7,25 ± 3,45 e 2,87 ± 1,77, respetivamente. A média ± DP do número de indivíduos de espécies por hectare (densidade) de árvores, arbustos e trepadeiras é de 57,77 ± 40,34, 289,07 ± 109,90 e 45,20 ± 43,87, respetivamente. A abundância e o rácio de frequência % revelam que a *Salvadora oleoides* se distribuiu regularmente, enquanto todas as espécies de vários hábitos se distribuíram de forma contagiosa no habitat. A comparação do diagrama de frequência com o diagrama de frequência normal revela que a vegetação arbustiva era homogénea, enquanto a vegetação arbórea e trepadeira era heterogénea (Figura 1.6). O IVI da Salvadora oleoides (132,13) foi elevado, pelo que foi a espécie arbórea mais dominante e ecologicamente bem sucedida, seguida da Acacia nilotica (65,21) e da A. senegal (60,02). A média ± DP do índice de diversidade de Shannon das árvores, arbustos e trepadeiras foi de 0,83 ± 0,48, 1,34 ± 0,68 e 0,75 ± 0,59, respetivamente. O índice de riqueza de espécies de Menhinick, em média ± DP, para as árvores, os arbustos e as trepadeiras foi de 1,01 ± 0,38, 0,98 ± 0,44 e 1,00 ± 0,35, respetivamente, enquanto a equidade das espécies das árvores, dos arbustos e das trepadeiras, em média ± DP, foi de 0,86 ± 0,11, 0,62 ± 0,12 e 0,90 ± 0,11, respetivamente.

1.7.6 Prados (GL)

Na região ocidental de Kachchh, existem principalmente dois tipos de prados: os prados densos (santuário da abetarda Lala e zona adjacente) e os prados esparsos, por vezes designados por savana (santuário de Narayan Sarovar e zona adjacente). *Aristida spp., Cenchrus spp., Cymbopogon spp., Dicanthium spp., Sporobulusspp.* e *Eleusine spp.* são as principais espécies e a composição de espécies da comunidade de prados na zona ocidental de Kachchh. Foram registadas 201 espécies de plantas, incluindo 8 espécies de árvores, 35 de arbustos, 24 de trepadeiras, 104 de ervas e 42 de gramíneas. Durante a avaliação da comunidade herbácea, o número de espécies de árvores, arbustos e trepadeiras foi, em média ± DP, de 3,82 ± 1,85, 6,67 ± 3,90 e 3 ± 1,94, respetivamente, enquanto a densidade foi de 71,57 ± 41,10, 212,41 ± 102 ± 01 e 53,10 ± 52,29 de árvores, arbustos e trepadeiras, respetivamente. A abundância e o rácio de frequência % de árvores, arbustos e trepadeiras revelam que todas as espécies de vários hábitos estavam distribuídas de forma contagiosa na área. A comunidade vegetal era heterogénea por natureza, como revela o diagrama de frequência (Figura 7.7). O IVI mostra as espécies dominantes e de sucesso ecológico, *a Acacia nilotica* (149,47) foi a espécie mais favorável do habitat, seguida da *Salvadora oleoides* (95,75). A diversidade de Shannon de árvores, arbustos e trepadeiras, com uma média ± DP de 098 ± 0,48, 1,37 ± 0,73 e 0,82 ± 0,55, respetivamente, e a riqueza de espécies de Menhinick, com uma média ± DP de 1,06 ± 0,38, 1,05 ± 0,507 e 0,99 ± 0,34 de árvores, arbustos e trepadeiras, respetivamente. Equitabilidade de espécies de árvores, arbustos e trepadeiras com média ± DP, 0,81 ± 0,13, 0,75 ± 0,16 e 0,90 ± 0,08, respetivamente.

1.9.6.1 Prados densos (DG)

Só se observaram prados densos na zona ocidental de Kachchh, perto de Naliya, no santuário da abetarda Lala, que tem uma composição de espécies maioritariamente da associação *Cymbopogon - Bothriochloa - Dicanthium - Aristida*, e a zona do santuário não tem maior diversidade de espécies, mas cria um povoamento puro de algumas espécies específicas. Registou-se um total de 83 espécies de plantas, com 3 árvores, 8 arbustos, 8 trepadeiras, 37 ervas e 27 gramíneas. A média ± DP dos taxa (espécies) que ocorrem no transecto foi de 2,33 ± 1,11, 2,70 ± 1,25 e 2,25 ± 0,70, respetivamente, enquanto o número de indivíduos por hectare de árvore, arbusto e trepadeira foi de 41,11 ± 30,08, 179,5 ± 50,13 e 21,87 ± 7,52, respetivamente. *A Acacia tortalis* foi a única espécie que se distribuiu regularmente, enquanto todas as restantes espécies de cada hábito foram contagiosas em termos de distribuição. O estudo comparativo do diagrama de frequência com o diagrama de frequência normal revela que a comunidade é heterogénea (Figura 7.8). Entre a comunidade de prados densos, *a Acacia nilotica - uma* espécie arbórea - foi a espécie mais dominante com um valor IVI elevado (166,67), seguida da *Commiphora wightii* (69,73) e da *A. tortalis* (63,59). O índice de diversidade de Shannon com média ± DP de árvores, arbustos e trepadeiras foi de 0,56 ± 0,47, 0,49 ± 0,36, 0,65 ± 0,38, respetivamente, enquanto a riqueza de espécies de Menhinick foi de 0,86 ± 0,23, 0,47 ± 0,30 e 1,11 ± 0,40 de árvores, arbustos e trepadeiras, respetivamente. A equitabilidade das espécies de árvores, arbustos e trepadeiras é, em média ± DP, de 0,87 ± 0,15, 0,71 ± 0,23 e 0,90 ± 0,08, respetivamente.

1.9.6.2 Prados e pastagens esparsos (SG)

A comunidade de prados esparsos é por vezes descrita como savana porque essa comunidade tem uma cobertura de ervas com uma cobertura esparsa de espécies arbóreas ou arbustivas e, na nossa área de estudo, este tipo de vegetação encontra-se principalmente no Santuário Narayan Sarovar (NSS) e na sua área adjacente. *Cymbopogon - Bothriochloa - Dicanthium - Aristida* eram espécies de gramíneas associadas a alguns arbustos como *Capparis deciduas, Prosopisjuliflora, Grewia tenex, G, villosa*, etc. e espécies arbóreas como *Acacia nilotica, A. senegal e Salvadora oleoides*, etc., constituíam a principal composição vegetal do habitat. Registou-se um total de 231 espécies de plantas, incluindo 7 árvores, 37 arbustos, 36 trepadeiras, 124 ervas e 27 gramíneas. A média ± DP do número de espécies que ocorrem durante o transecto é de 4,34 ± 1,78, 8,46 ± 3,25 e 3,08 ± 2,08 de árvores, arbustos e trepadeiras, respetivamente, enquanto a densidade por hectare de árvores, arbustos e trepadeiras é de 82,11 ± 39,47, 219 ± 109,37 e 59,8 ± 54,22, respetivamente. A abundância e o rácio de frequência % de cada espécie de cada hábito revelam que todas as espécies foram distribuídas de forma contagiosa com a área e os resultados da comparação da frequência preparada e normal revelam que a vegetação é heterogénea na natureza (Figura 7.9). O índice de valor importante diz respeito à dominância e ao sucesso ecológico das espécies. *A Salvadora oleoides* (80,76) está em primeiro lugar no estabelecimento, seguida da *Acacia nilotica* (77,94).

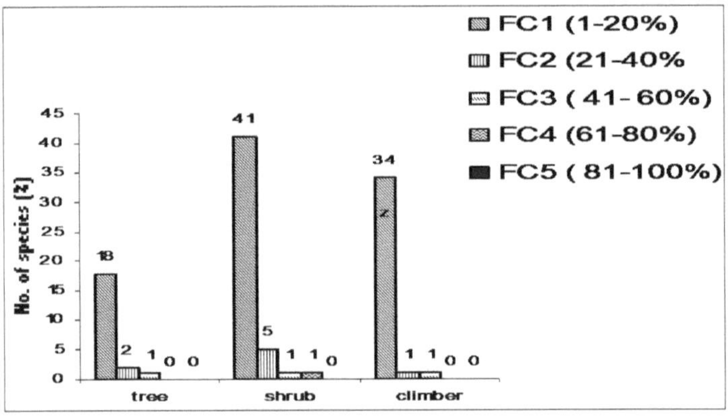

Figura 1.2: Diagrama de frequência da floresta

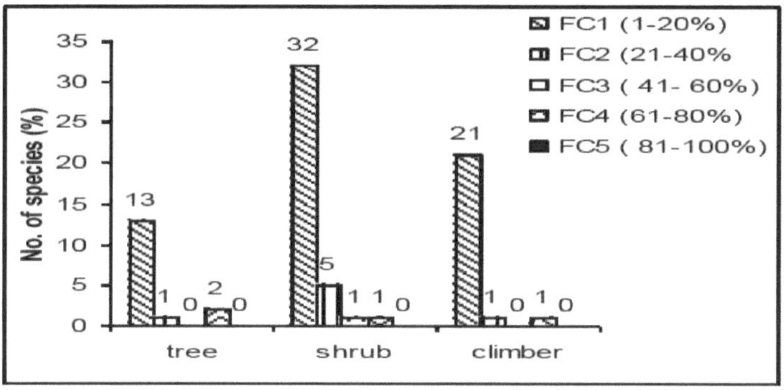

Fig 1.3: Diagrama de frequência da floresta de *Acácia*

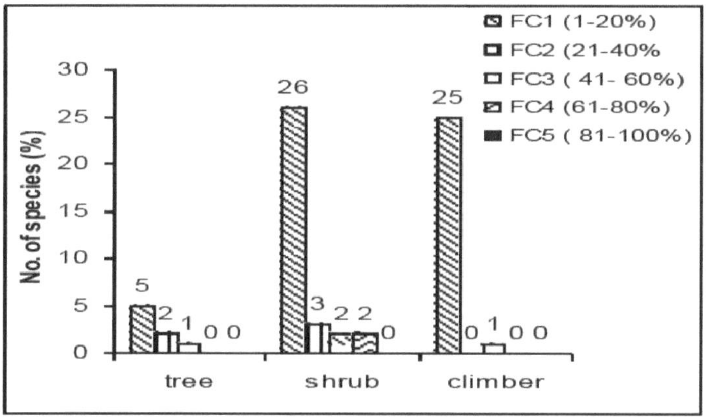

Figura 1.4: Diagrama de frequência da floresta de *Euphorbia-salvadora*

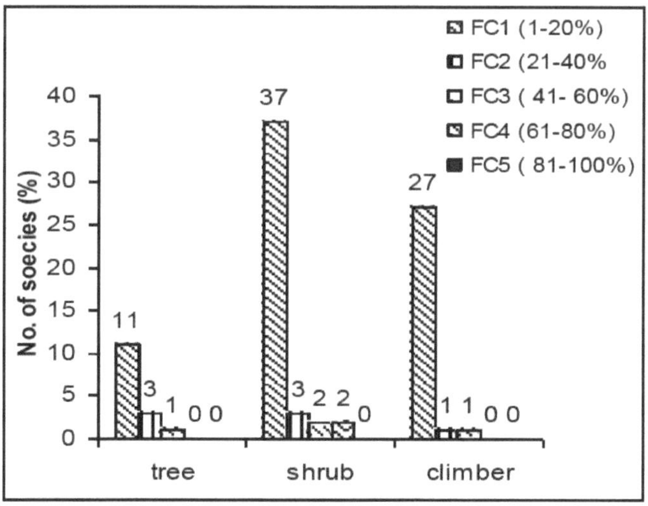

Figura 1.5: Diagrama de frequência da floresta mista de espinheiros

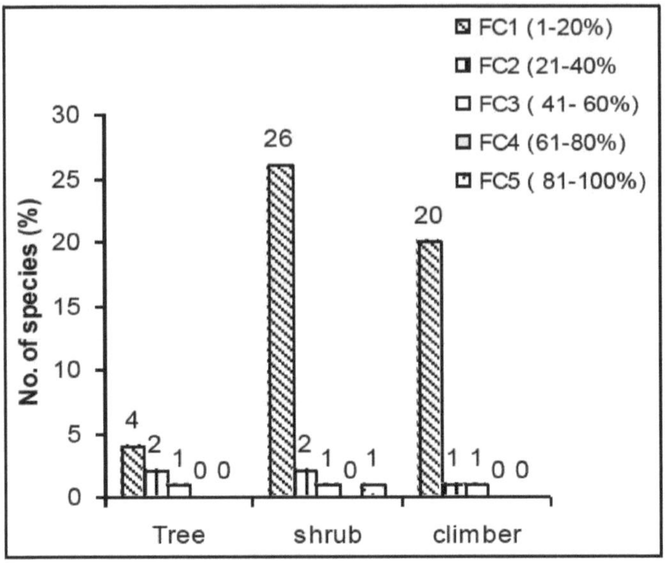

Figura 1.6: Diagrama de frequência da floresta de *Prosopis*

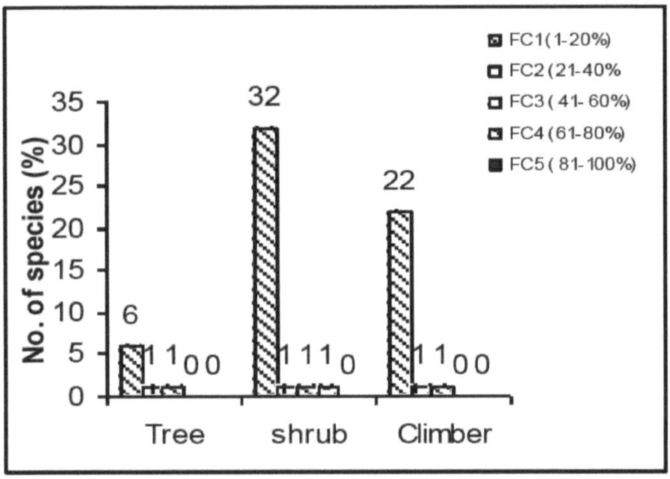

Figura 1.7: Diagrama de frequência das pastagens

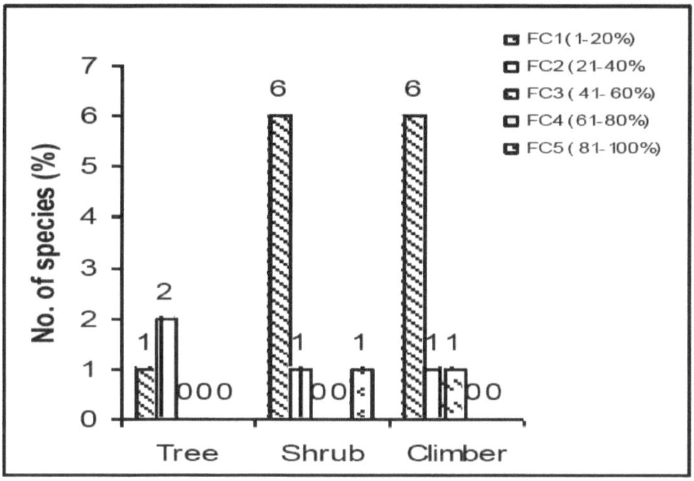

Figura 1.8: Diagrama de frequência de prados densos

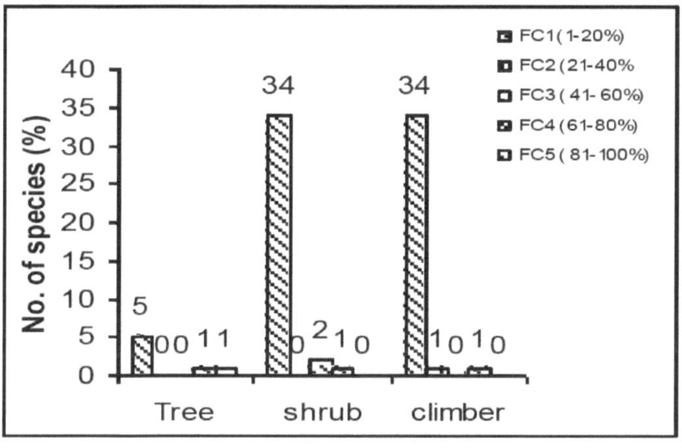

Figura 1.9: Diagrama de frequência de pastagens esparsas

1.7.7 Organização e comparação de comunidades vegetais

O coeficiente de semelhança de Jaccard e de Sorensen resulta numa maior semelhança entre ES e SG (1, 100), enquanto a menor semelhança entre AF e DG (0,12, 21,1), respetivamente, (Quadro 7.2)

Quadro 1.2: Índice de semelhança entre habitats para espécies arbóreas

de Jaccard							Sorenson's						
Habitat	AF	ES	MTF	PF	SG	DG	Habitat	AF	ES	MTF	PF	SG	DG
AF	1						AF	100					
ES	0.5	1					ES	66.7	100				
MTF	0.68	0.5	1				MTF	81.3	66.7	100			
PF	0.35	0.67	0.35	1			PF	52.2	80	52.2	100		

SG	0.5	1	0.5	0.67	1		SG	66.7	100	66.7	80	100	
DG	0.12	0.22	0.19	0.25	0.22	1	DG	21.1	36.4	31.6	40	36.4	100
AF= Floresta de acácias, ES= Floresta de euforbiáceas, MTF= Floresta mista de espinhos, PF= Floresta de prosopis, SG= Prados esparsos e DG= Prados densos													

Quadro 1.3: Índice de semelhança entre habitats para espécies arbustivas

de Jaccard							Sorenson						
Habitat	AF	ES	MTH	PF	SG	DG		AF	ES	MTH	PF	SG	DG
AF	1						AF	100					
ES	0.8	1					ES	88.9	100				
MTH	0.8	0.75	1				MTH	89.2	85.7	100			
PF	0.57	0.66	0.61	1			PF	72.5	79.4	75.7	100		
SG	0.81	0.71	0.76	0.72	1		SG	89.5	82.9	86.4	8306	100	
DG	0.18	0.21	0.18	0.23	0.18	1	DG	29.8	34.1	30.8	36.8	31.1	100
AF= Floresta de acácias, ES= Floresta de euforbiáceas, MTF= Floresta mista de espinhos, PF= Floresta de prosopis, SG= Prados esparsos e DG= Prados densos													

O coeficiente de semelhança de Jaccard e de Sorenson resulta numa maior semelhança entre AF e SG (081, 89,5). Enquanto que a menor semelhança entre AF e DG (0,18, 29,8). (Tabela 7.3)

A análise de agrupamento revela uma maior semelhança entre os pontos de amostragem pertencentes ao mesmo tipo de habitat (com base na abundância de espécies de árvores). Foram claramente identificados quatro grupos distintos (AF: SG, PF, ES: MTF: DG) (Figura 1.10 & 1.11)

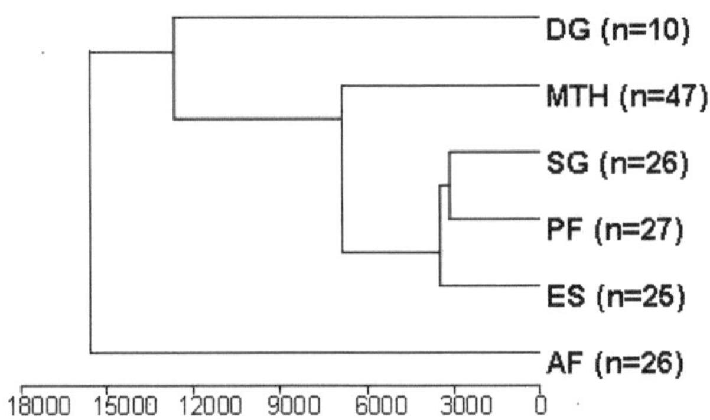

Figura 1.10: Agrupamento de espécies arbóreas por habitat

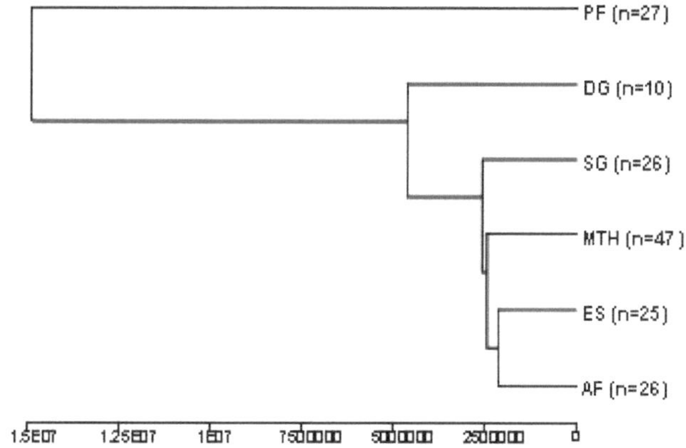

Figura 1.11: Agrupamento de espécies arbustivas por habitat

Os resultados da ANOVA para as espécies arbóreas revelam que os seis tipos de habitat diferem significativamente em termos de número de espécies (F= 7,51, df = 5, p<<0,05), densidade (F= 34,73, df = 5, p<0,05), diversidade de Shannon (F= 6,58, df = 5, p<0,05), uniformidade (F= 15,96, df = 5, p<0,05). Além disso, foi efectuada uma análise de Tukey HSD Post Hoc para detetar diferenças em cada tipo de habitat. Em termos de número médio de espécies, ES diferiu significativamente de todos os outros habitats e SG diferiu significativamente de AF e PF (Tabela-7.11) A ANOVA de espécies arbustivas revela que seis tipos de habitat diferem significativamente em termos de número de espécies (F= 16.37. df = 7, p<<0.05). Densidade (F = 7,80, df = 7, p<<0,05), diversidade de Shannon (F = 21,54, df = 7. p<<0,05), riqueza de espécies de Menhinick (F = 14,59, df = 7, p<<005). Para detetar a diferença entre cada habitat foi efectuada a análise Post Hoc de Tukey HSD. Em termos de número médio de espécies, ES diferiu significativamente de todos os outros habitats e SG diferiu significativamente de AF e PF (Tabela 1.4). No caso da densidade de espécies arbóreas, a FA foi significativamente diferente dos outros habitats, enquanto os restantes tipos de habitat também diferiram significativamente de dois ou mais habitats (Quadro 1.6), enquanto a densidade de espécies arbustivas revela que a ES e a DG diferem significativamente da MTF e da PF (Quadro 1.7). No caso da diversidade de espécies arbóreas, o ES difere significativamente do MTF, PF e DG (Quadro 1.8), enquanto o ES e o SG diferem significativamente de todos os outros habitats (Quadro 1.9). O valor da riqueza de espécies de Menhinick das espécies arbóreas mostra que o DG difere significativamente do AF e do MTF (Quadro 1.10), enquanto as espécies arbustivas revelam que o ES e o SG diferem significativamente dos restantes habitats (Quadro 1.11).

Tabela 1.4: Valor P para o teste Post Hoc executado no número de espécies de árvores

Espécies	AF	ES	MTF	PF	SG	DG
AF	X	**p=0.003**	p=0.822	p=0.999	**p=0.002**	p=0.843
ES		X	**p=0.046**	p=0000	p=0.902	**p=0.040**

MTF			X	**p=0.524**	p=0.094	p=1.000
PF				X	**p=000**	p=0.550
SG					X	p=0.07
DG						X

Tabela 1.5: Valor P para o teste Post Hoc executado no número de espécies arbustivas

Espécies	**AF**	**ES**	**MTF**	**PF**	**SG**	**DG**
AF	X	**p=000**	p=0.415	p=0.197	**p=0.130**	p=0.886
ES		X	**p=000**	**p=0000**	**p=0.005**	**p=000**
MTF			X	p=1.000	**p=000**	p=0.017
PF				X	**p=000**	**p=0.002**
SG					X	p=0.876
DG						X

Tabela 1.6: Valor P para o teste Post Hoc executado na densidade de espécies arbóreas

Espécies	AF	ES	MTF	PF	SG	DG
AF	X	**p=000**	**p=0.001**	**p=000**	**p=000**	**p=000**
ES		X	**p=000**	**p=0000**	p=0.965	p=0.352
MTF			X	p=1.000	**p=000**	**p=000**
PF				X	**p=000**	p=0.558
SG					X	p=0.558
DG						X

Tabela 1.7: Valor P para o teste Post Hoc executado na densidade de espécies arbustivas

Espécies	AF	ES	MTF	PF	SG	DG
AF	X	p=0.172	p=0.331	p=0.264	p=1.000	p=0.420
ES		X	**p=0.001**	**p=0000**	p=0.111	p=0.972
MTF			X	p=1.000	p=0.465	**p=0.001**
PF				X	p=0.402	**p=000**
SG					X	p=0.271
DG						X

Tabela 1.8: Valor P para o teste Post Hoc Diversidade de espécies arbóreas

Espécies	AF	ES	MTF	PF	SG	DG
AF	X	p=0.337	p=0.502	**p=0.015**	p=1.995	p=0.302
ES		X	**p=0.017**	**p=0000**	p=0.560	**p=0.008**
MTF			X	p=0.792	p=0.211	p=1.000
PF				X	p=0.020	p=0.935
SG					X	p=0.999
DG						X

Tabela 1.9: Valor P para o teste Post Hoc executado na diversidade de espécies arbustivas

Espécies	AF	ES	MTF	PF	SG	DG
AF	X	**p=0.000**	p=0.788	p=0.598	**p=0.003**	p=0.987
ES		X	**p=0.000**	**p=0000**	**p=0.000**	**p=0.000**
MTF			X	p=1.000	**p=0.000**	p=0.241
PF				X	**p=0.000**	p=0.091
SG					X	**p=0.054**
DG						X

Tabela 1.10: Valor P para o teste Post Hoc executado na riqueza de espécies de árvores

Espécies	AF	ES	MTF	PF	SG	DG
AF	X	p=0.973	p=0.974	p=0.171	p=0.164	**p=0.005**
ES		X	**p=0.000**	p=0.981	p=0.946	p=0.520
MTF			X	p=0.669	p=0.578	**p=0.057**
PF				X	p=0.999	p=0.509
SG					X	p=0.855
DG						X

Tabela 1.11: Valor P para o teste Post Hoc executado na riqueza de espécies de arbustos

Espécies	AF	ES	MTF	PF	SG	DG
AF	X	**P=0.000**	p=0.962	**p=0.897**	**p=0.021**	p=1.000
ES		X	**p=0.000**	**p=0000**	**p=0.003**	**p=0.000**
MTF			X	p=1.000	**p=000**	p=.0989
PF				X	**p=000**	p=0.962
SG					X	**p=0.011**
DG						X

1.7.8 Zona húmida (WT)

As zonas húmidas são os principais recursos hídricos do distrito de Kachchh devido à falta de água subterrânea ou à sua qualidade, pelo que os principais organismos vivos dependem delas. Em geral, na zona ocidental de Kachchh, a vegetação em torno das zonas húmidas era constituída por uma cobertura herbácea e uma cobertura arbustiva muito esparsa. *Ammania spp. Polygonum spp., Cynodon dactylon, heliotropium spp. constituíam a* maior parte da composição de espécies, enquanto *Prosopis juliflora, Acacia nilotica* e *Salvadora oleoides* constituíam a cobertura do dossel superior da zona húmida e da sua área adjacente. Registou-se um total de 82 espécies de plantas, incluindo 6 árvores, 14 arbustos, 10 trepadeiras, 38 ervas e 14 gramíneas. As árvores, os arbustos e as trepadeiras estavam distribuídos de forma contagiosa na área, enquanto *a Acacia nilotica* era a espécie dominante no habitat com um valor IVI elevado (189,42), seguida da *Salvadora Oleoides* (34,97). A vegetação era heterogénea por natureza, o que é revelado pela comparação do diagrama de frequência com o diagrama normal (Figura 7.12). A média ± DP do número de espécies que ocorrem nas várias zonas húmidas foi de 3 ± 2, 4 ± 3,52 e 4 ± 1,82, respetivamente. A densidade com média ± DP de árvores, arbustos e trepadeiras é de 41 ± 36,46,

179,16 ± 66,96 e 76,25 ± 42,89, respetivamente. A diversidade de Shannon com média ± DP, 0,78 ± 0,74, 0,74 ± 0,70 e 1,09 ± 0,51 de árvore, arbusto e trepadeira, respetivamente, enquanto a riqueza de espécies de Menhinick de árvore, arbusto e trepadeira com média ± DP, 1,06 ± 0,58, 0,66 ± 0,52 e 1,04 ± 0,34, respetivamente. A equitabilidade das espécies de árvores, arbustos e trepadeiras, com média ± DP, foi de 0,92 ± 0,06, 0,79 ± 0,20 e 0,81 ± 0,05, respetivamente.

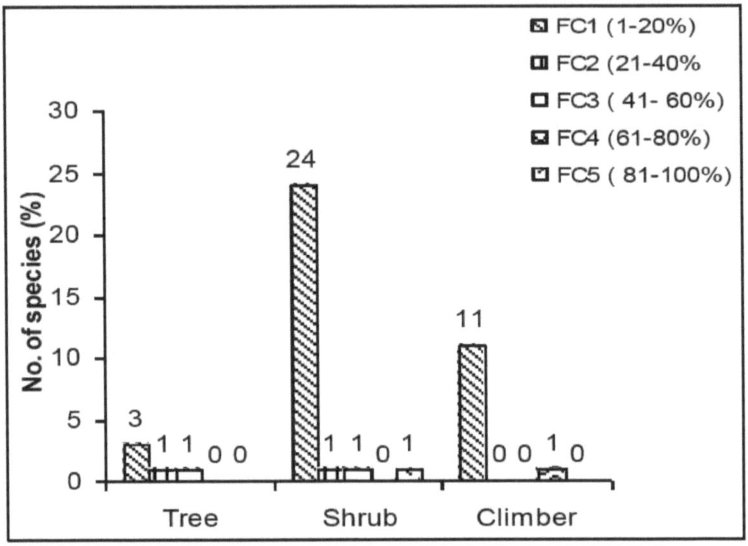

Figura 1.12: Diagrama de frequência das zonas húmidas

1.7.9 Agricultura (AGR)

Devido à baixa precipitação e ao mau estado das águas subterrâneas, o distrito de Kachchh depende principalmente da agricultura de sequeiro, ou seja, a agricultura só ocorre na estação das monções, pelo que os terrenos agrícolas são por vezes invadidos por *Fegonia spp.* e *Prosopis juliflora.* O amendoim, a bajra, o mung e o rícino são as principais culturas da zona, mas, durante o estudo, os campos agrícolas não foram cultivados. No total, foram registadas 94 espécies de plantas, incluindo 5 árvores, 27 arbustos, 12 trepadeiras, 28 ervas e 22 espécies de gramíneas. A comparação da abundância e da % de frequência revela que as árvores, os arbustos e as trepadeiras estavam distribuídos de forma contagiosa na área. O diagrama de frequência mostra que a cobertura do solo era heterogénea na natureza (Figura 7.13) e que *Salvadora oleoides* era a espécie dominante (137,67) seguida de *S. persica* (107,10). A média ± DP do número de espécies que ocorrem nos diferentes transectos foi de 3 ± 0,81, 6,84 ± 3,18 e 2,81 ± 2,31, respetivamente. A densidade por hectare com média ± DP de árvores, arbustos e trepadeiras foi de 75 ± 57,13, 212 ± 104,71 e 44,09 ± 39,23, respetivamente. A diversidade de Shannon das árvores, arbustos e trepadeiras, com média ± DP, foi de 0,80 ± 0,26, 1,48 ± 0,54 e 0,71 ± 0,70, respetivamente. A riqueza de espécies de Menhinick de árvores, arbustos e trepadeiras, com média ± DP, foi de 0,86 ± 0,24, 1,05 ± 0,33 e 0,96 ± 0,42, enquanto a equitabilidade de espécies foi de 0,78 ± 0,14, 0,72 ± 0,13 e 0,94 ± 0,05, respetivamente.

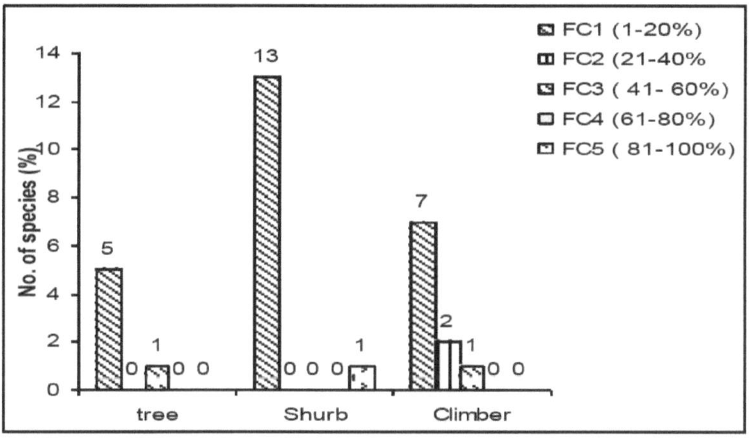

Figura 1.13: Diagrama de frequência da agricultura

1.7.10 Organização e comparação de comunidades vegetais

O coeficiente de semelhança de Jaccard e Sorensen foi utilizado para avaliar a semelhança entre várias comunidades e também para dar ênfase às espécies comuns dos sítios. Os resultados sugerem que existe uma maior semelhança entre a agricultura e as zonas húmidas (Quadro 1.11), enquanto que, com base nas espécies arbustivas, os prados e as florestas apresentam maior semelhança (Quadro 1.12). A rarefação foi utilizada para normalizar tamanhos de amostragem desiguais (Figura 1.25)

Quadro 1.11: Índice de similaridade de espécies arbóreas por ocupação do solo

de Jaccard					**Sorenson's**				
Cobertura do solo	F	GL	WT	AGR	Cobertura do solo	F	GL	WT	AGR
F	1				F	100			
GL	0.429	1			GL	60.0	100		
WT	0.286	0.5	1		WT	44	66	100	
AGR	0.238	0.556	0.571	1	AGR	38.5	71.4	73	100
F- floresta, GL= pradaria, WT= zona húmida e AGR= agricultura									

Quadro 1.12: Índice de similaridade de espécies arbustivas por ocupação do solo

de Jaccard					**Sorenson's**				
Cobertura do solo	AGR	F	GL	WT	Cobertura do solo	AGR	F	GL	WT
AGR	1				AGR	100			
F	0.53	1			F	69	100		
GL	0.55	0.73	1		GL	71	84.3	100	

WT	0.41	0.29	0.36	1	WT	59	45.2	53.1	100
F- floresta, GL = prados, WT = zonas húmidas e AGR = agricultura									

A análise de agrupamento revela uma maior semelhança entre os pontos de amostragem pertencentes ao mesmo tipo de habitat. Com base nos dados sobre a abundância de espécies arbóreas, foram claramente identificados três grupos distintos e, a partir dos dados sobre a abundância de arbustos, foram claramente identificados dois grupos distintos (floresta: pastagens e zonas húmidas: agricultura) (Figuras 7.14 e 7.15).

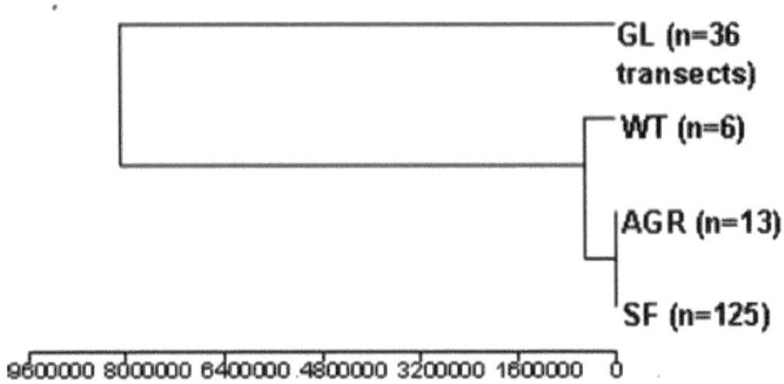

Figura 1.14: Agrupamento de espécies arbóreas em função da ocupação do solo.

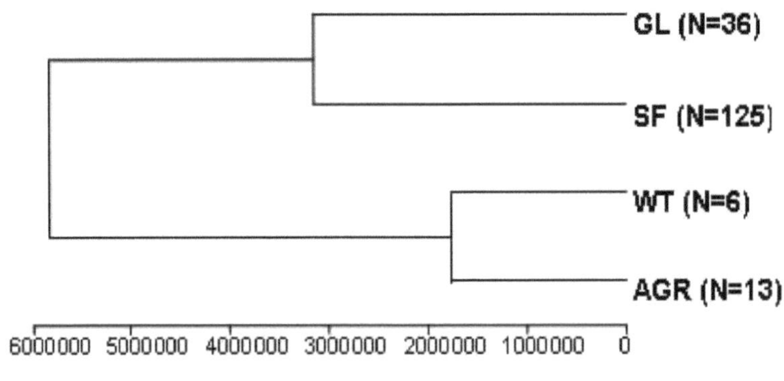

Figura 1.15: Agrupamento de espécies arbustivas em função da ocupação do solo

Os resultados da ANOVA dos dados das espécies arbóreas revelam que quatro tipos de cobertura do solo diferem significativamente em termos de número de espécies (F= 15,186, df=3, p<<0,05), densidade (F= 15,186, df=3, p<<0,000) e regularidade (F= 4,265, df=3, p<<0,006), enquanto os dados das espécies arbustivas revelam que a cobertura do solo difere significativamente em termos de número de espécies (F= 13.361, df=3, p<<0.05), Densidade (F= 11.235, df=3, p<<0.05), Diversidade de Shannon (F= 12.114, df=3, p<<0.05), riqueza de espécies de Menhinick (F= 7.583, df=3, p<<0.05) e riqueza de espécies de

Margalef (F= 11.654, df=3, p<<0.05). A média de todas as variáveis que diferem significativamente é apresentada na figura 1.16.

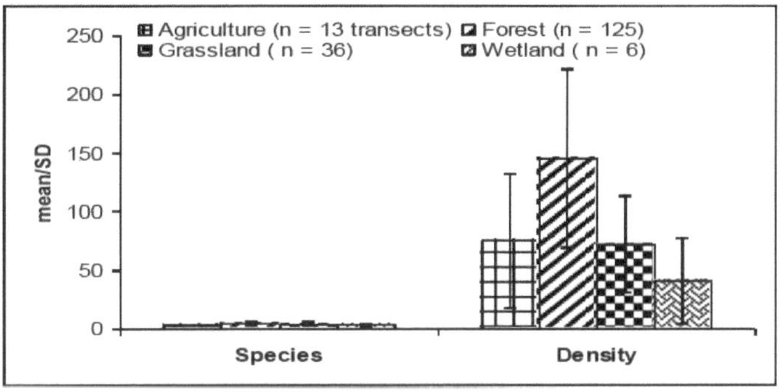

Figura 1.16: número de espécies e densidade de espécies arbóreas por ocupação do solo. As barras de erro denotam DP

Para detetar a diferença entre cada cobertura do solo para os dados relativos às espécies de árvores, foi efectuada a análise Post Hoc de Tukey HSD. Em termos de número médio de espécies e de densidade, a floresta difere da agricultura (p=0,04) e os dados relativos à densidade mostram que a floresta difere da agricultura (p=0,04) e a agricultura difere dos prados (p=000) e das zonas húmidas (p=0,006) de forma significativa. Com base nos dados relativos às espécies arbustivas, foi efectuada uma análise Post Hoc de Tukey HSD para detetar diferenças entre a ocupação do solo. Em termos de número de espécies de arbustos, a agricultura difere significativamente dos prados (p=000) e das zonas húmidas (p=0,001), enquanto que, com base na densidade das espécies de arbustos, a floresta difere significativamente da agricultura (p=0,009) e a agricultura difere significativamente dos prados (p=000) e das zonas húmidas (p=0,02). Em termos de diversidade de Shannon e riqueza de espécies de Menhinick, a agricultura difere significativamente dos prados (p=000 & p=0,017) e das zonas húmidas (p=000 & p= 0,002).

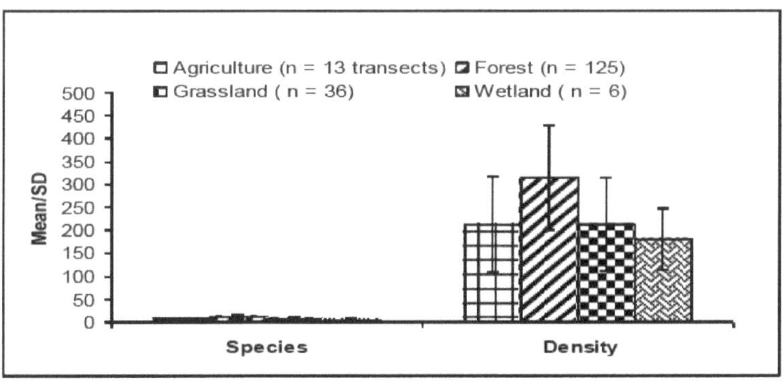

Figura 1.17: Número de espécies e densidade de espécies arbustivas em termos de cobertura do solo. Barras de erro denotam DP

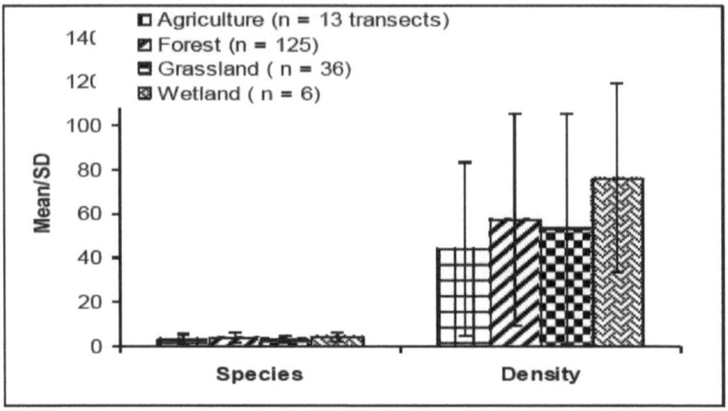

Figura 1.18: número de espécies e densidade de espécies trepadeiras em função da ocupação do solo. As barras de erro denotam DP

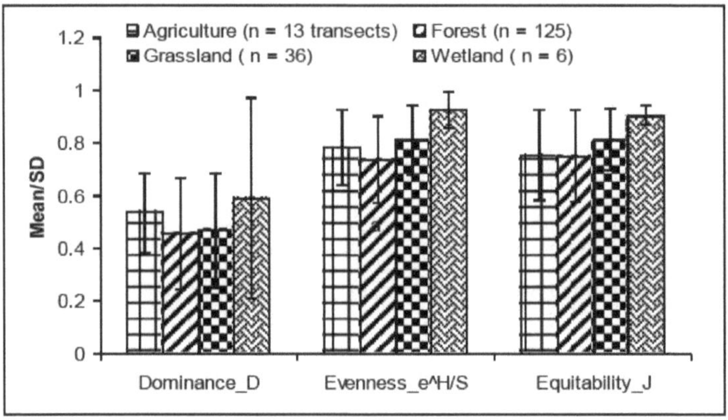

Figura 1.19: riqueza de espécies e diversidade de espécies arbóreas em função da ocupação do solo. As barras de erro denotam DP

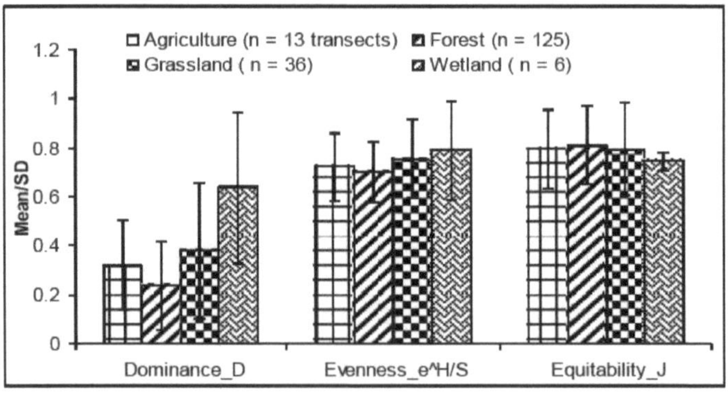

Figura 1.20: riqueza de espécies e diversidade de espécies arbustivas em termos de ocupação do solo. As barras de erro denotam DP

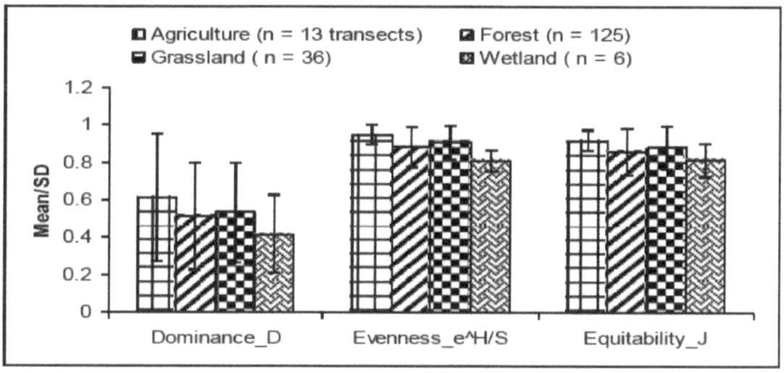

Figura 1.21: riqueza de espécies e diversidade de espécies trepadeiras em função da ocupação do solo. As barras de erro denotam DP

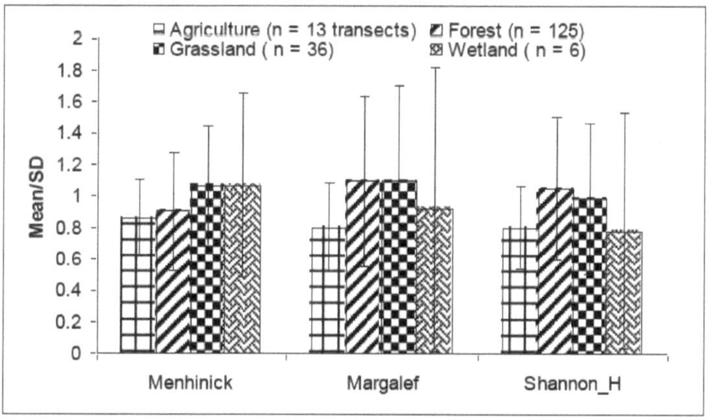

Figura 1.22: Índices de diversidade de espécies arbóreas em função da ocupação do solo. As barras de erro denotam DP

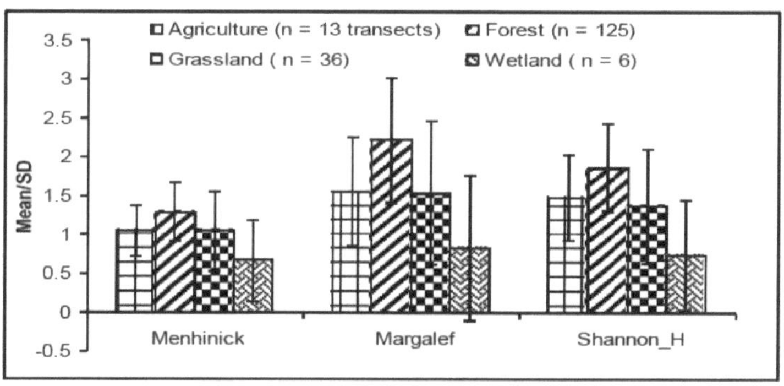

Figura 1.23: Índices de diversidade de espécies de arbustos, em função da ocupação do solo. As barras de erro denotam DP

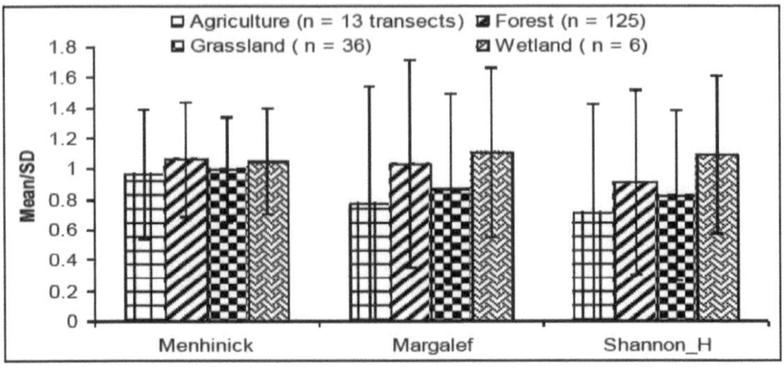

Figura 1.24: Indicadores de diversidade de espécies de trepadeiras em função da ocupação do solo. As barras de erro denotam DP

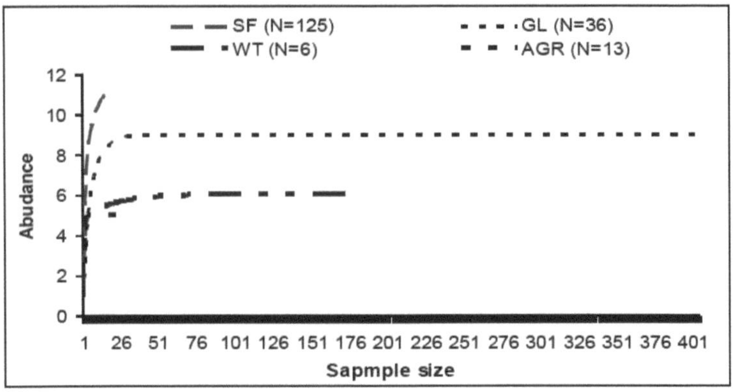

Figura 1.25: Rarefação de espécies arbóreas em função da ocupação do solo

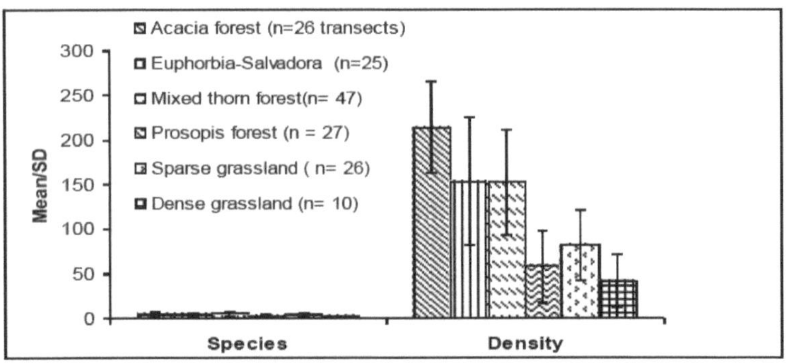

Figura 1.26: Espécies e densidade de espécies arbóreas em função do habitat. As barras de erro denotam DP

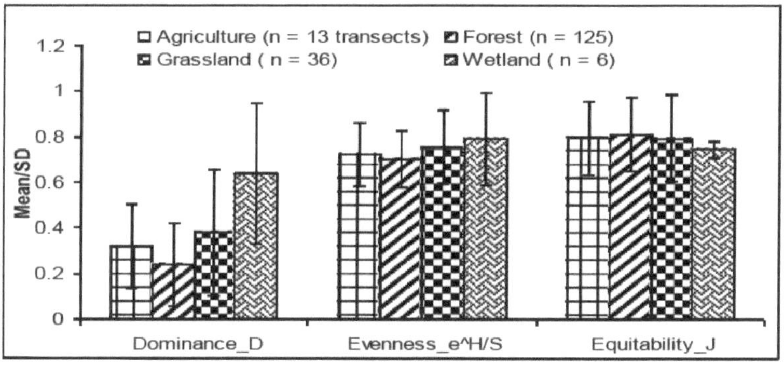

Figura 1.27: Espécies e densidade de espécies arbustivas em função do habitat. As barras de erro denotam DP

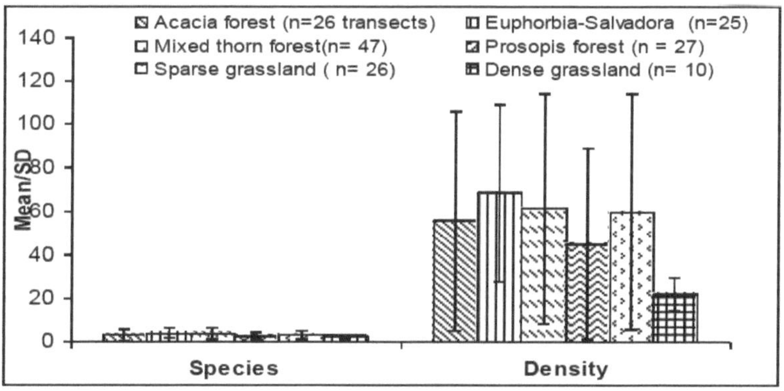

Figura 1.28: Espécies e densidade de espécies trepadeiras em função do habitat. Barras de erro denotam DP

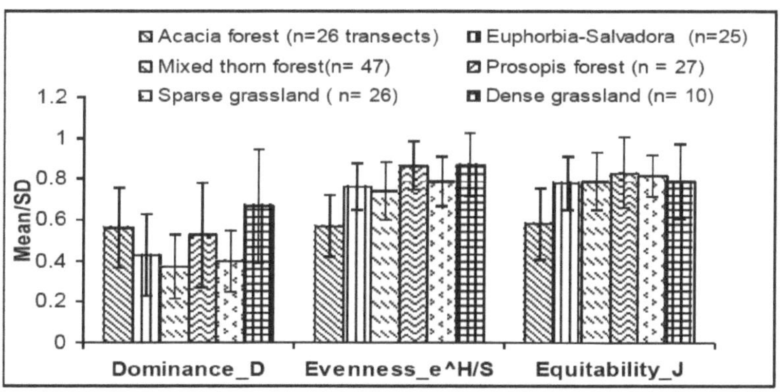

Figura 1.29: Índices de diversidade de espécies arbóreas em função do habitat. As barras de erro denotam DP

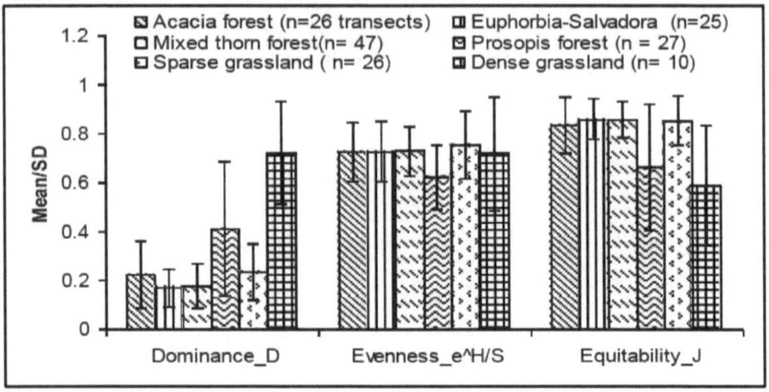

Figura 1.30: Indicadores de diversidade de espécies arbustivas em termos de habitat. As barras de erro denotam DP

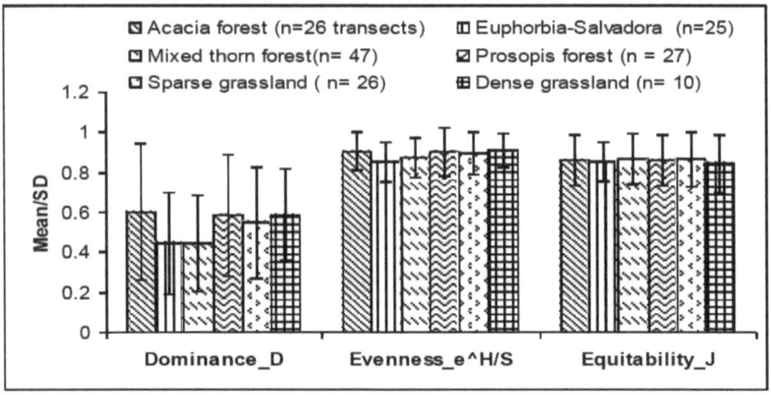

Figura 1.31: Índices de diversidade de espécies de trepadeiras em função do habitat. As barras de erro denotam DP

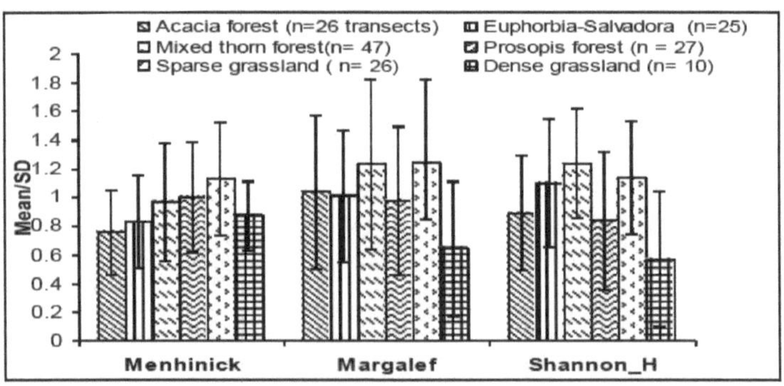

Figura 1.32: Riqueza e diversidade de espécies arbóreas em termos de habitat. As barras de erro denotam DP

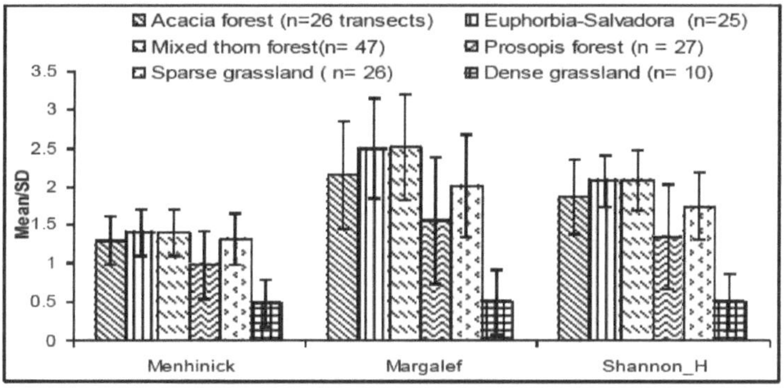

Figura 1.33: Riqueza e diversidade de espécies arbustivas em termos de habitat. As barras de erro denotam DP

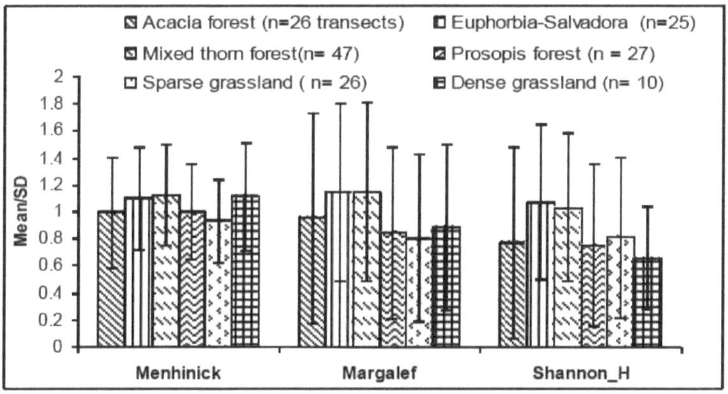

Figura 1.34: Riqueza e diversidade de espécies de trepadeiras em termos de habitat. Barras de erro denotam SD

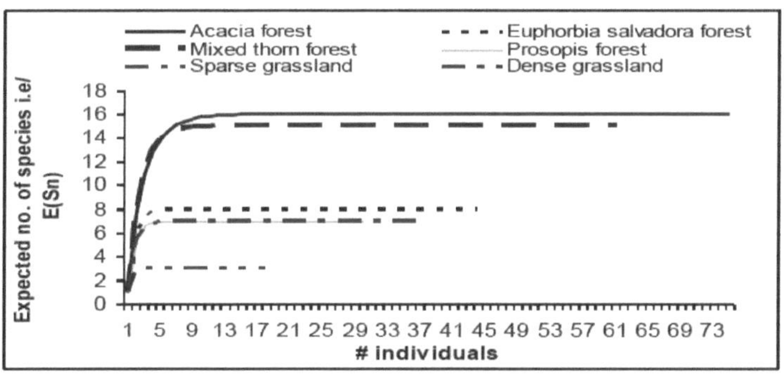

Figura 1.35: Rarefação por habitat a partir de dados de abundância de espécies arbóreas

1.8 Conclusão

A vegetação da área de estudo é composta principalmente por espécies de plantas espinhosas. O dossel superior é constituído pelas espécies vegetais mais dominantes, como *a Acacia nilotica, a A. Senegal* e *a*

Salvadora oleoides, enquanto a componente principal do dossel inferior, que inclui principalmente vegetação arbustiva, é a *Prosopis juliflora, a Euphorbia caducifolia, a Capparis deciduas, a Grewia tenex* e a *G. villosa.* A maior diversidade de espécies, a riqueza e a uniformidade dos arbustos sugerem o seu domínio sobre a comunidade arbórea na nossa área de estudo. A região de Kachchh tem um tipo de floresta específico designado por floresta espinhosa tropical, que consiste em espécies de arbustos espinhosos. A vegetação arbustiva é dominada por espécies de arbustos espinhosos, enquanto as áreas abertas são dominadas por plantas anuais que são principalmente suportadas por chuvas escassas durante a monção. A maioria das espécies estava distribuída de forma contagiosa na área e criava uma comunidade vegetal heterogénea na natureza. No total, foram registadas 326 espécies vegetais de árvores, arbustos, ervas trepadeiras e gramíneas.

Entre os quatro habitats florestais, a floresta *de acácias é* a que contém as espécies de *acácias* dominantes e ecologicamente bem estabelecidas, com o número máximo de espécies de árvores. Nestas florestas, a densidade e a diversidade das árvores e dos arbustos são mais ou menos semelhantes, ao passo que os outros habitats revelaram uma distinção notável entre os caracteres da comunidade arbórea e arbustiva. A cobertura do dossel superior é formada por espécies arbóreas na floresta de Acácia, enquanto na floresta de Euphorbia-Salvadora é formada por arbustos como a *Euphorbia caducifolia.* Neste habitat, *a Salvadora oleoides* era a espécie arbórea dominante, mas era bastante reduzida em comparação com as espécies arbustivas. A floresta mista de espinhos foi o habitat mais diversificado da floresta, com a ocorrência de um número máximo de espécies. *A Prosopis juliflora* foi encontrada bem distribuída entre os habitats com densidade baixa a alta. Normalmente, observam-se manchas densas de *Prosopis* perto de zonas húmidas, bermas de estradas e terrenos baldios. As orlas dos campos agrícolas também foram registadas com uma boa população de plantas de Prosopis.

Os prados densos suportam um menor número de espécies de plantas (83 não), enquanto os prados esparsos suportam um elevado número de espécies de plantas (221 não), o que faz com que os prados esparsos se assemelhem a um habitat do tipo savana. As principais espécies de gramíneas, como *Cymbopogon Spp., Bothriochloa sp., Aristida spp. e Dicanthium Spp.* têm um elevado valor forrageiro e estão a ser amplamente utilizadas para pastagem. O sobrepastoreio em torno do santuário de Narayan Sarovar é um exemplo. Entre todas as categorias de ocupação do solo, as zonas húmidas incluíam o menor número de espécies (82 no). *Heliotropium* foi o género mais dominante nas zonas húmidas, seguido das gramíneas e das árvores. *Fegonia spp.* e *Prosopis Juliflora* são as principais espécies invasoras que têm sido observadas extensivamente em zonas agrícolas. A proporção de outras espécies é bastante baixa neste tipo de cobertura vegetal, o que o torna menos diversificado em comparação com outras coberturas vegetais. A análise de agrupamento identificou os prados densos como uma comunidade distinta.

No total, 36% das espécies de plantas registadas são utilizadas pela comunidade local para satisfazer as suas necessidades domésticas, tais como construção de casas, alimentação, forragem, medicamentos e outros usos domésticos. Por exemplo, a *Capparis decidua é* utilizada para curar algumas dores corporais e os seus frutos são utilizados como alimento. *A Crotalaria spp. é* utilizada para fazer o telhado de *"bhunga"*, porque proporciona arrefecimento durante o verão quente. Por vezes, certas espécies servem indiretamente a humanidade, por exemplo, os tufos de *Euphorbia caducifolia,* que também tem propriedades medicinais para o tratamento da asma, servem de abrigo para o gado durante as noites de chuva e tempestade.

Os nossos resultados sugerem que a perturbação devida às actividades mineiras altera a composição das espécies e o padrão de distribuição em vários habitats. As áreas próximas do complexo mineiro (centros) apresentaram menor diversidade de espécies e predominância de uma única espécie de *Prosopis juliflora. A Prosopis ocupou* predominantemente o local das sobrecargas e a sua vizinhança através da sucessão xerófila. Os principais culpados são as actividades de desenvolvimento associadas que estão a ter lugar sob a forma de transportes e urbanização. A procura excessiva de madeira para combustível devido ao afluxo de trabalhadores extra para a realização de operações mineiras e actividades de transporte também tende a explorar cada vez mais espécies de plantas selvagens.

Algumas zonas da região ocidental de Kachchh foram identificadas como hotspot de biodiversidade, onde foi encontrado o maior número de espécies, incluindo um maior número de plantas de importância para a conservação. A RF de Ratipar, a RF de Gugaryani e a zona circundante da aldeia de Kharai registaram a maior riqueza de espécies arbóreas e arbustivas, enquanto a zona adjacente da aldeia de Kharai apresenta uma elevada diversidade de espécies. As zonas húmidas e os prados do santuário de Narayan Sarovar e do santuário da abetarda de Lala registam o maior número de espécies de importância para a conservação. A zona circundante das aldeias de Umarsar, Guneri, Siyot, Atdo e lakhapar registou uma elevada diversidade de espécies com uma concentração muito baixa de invasão.

Com uma compreensão clara da componente ambiental, ecológica e social no que diz respeito à formação da vegetação na região ocidental de Kachchh e às opções de gestão amplamente disponíveis, sugerem-se as seguintes estratégias como medidas de conservação para as plantas raras, ameaçadas e em perigo (RET) e para as zonas ecologicamente sensíveis (ESA).

A. Tendo em conta a elevada diversidade floral e as crescentes pressões bióticas sobre a vegetação, sugerem-se as seguintes estratégias de gestão para os SNG e as LBS, com vista à conservação das espécies florais ameaçadas.

- Deve ser efectuado um levantamento pormenorizado do estado das espécies florais ameaçadas e os habitats que suportam uma elevada diversidade floral devem ser identificados e notificados como Mini Áreas Nucleares (MCA) do santuário.

- Deve ser dada uma proteção rigorosa a estas AMC para evitar o corte de madeira, o pastoreio e a recolha de outros recursos naturais.

- Os habitats degradados devem ser recuperados através de programas de recuperação com espécies ameaçadas e suas espécies associadas.

- O coberto herbáceo (incluindo o coberto herbáceo), tanto dos prados densos como dos esparsos, constitui o habitat potencial de sete espécies herbáceas raras, como *Helichrysum cutchicum* (470 n.ºs), *Heliotropium bacciferum* (375), *Heliotropium rariflorum* (325), *Tribulus rajasthanensis* (95) e *Indigofera caerulea* (24). Foi efectuado um levantamento pormenorizado do estado destas herbáceas e identificado o local onde se registou a abundância muito elevada.

- Existem 26 aldeias com uma população de 10872 habitantes localizadas dentro e em redor do santuário (estudo recente que faz parte deste projeto) e dependem da área do santuário para obter erva, lenha, forragem e outros produtos florestais não lenhosos. Com base no nível de dependência, algumas aldeias, nomeadamente Ratipar, Gugariyana, Midhiyari e Amiyu, devem ser consideradas para o ecodesenvolvimento.

- Criação de comités de ecodesenvolvimento a nível das aldeias, distribuição de fogões eficientes em termos de consumo de combustível, desenvolvimento de plantações de forragens e de lenha, recuperação de pastagens, criação de alternativas de emprego para os aldeões economicamente pobres, a incluir no planeamento da gestão para a conservação global da diversidade biológica ameaçada de NSS e LBS.

B. Na área de estudo, como Lifri, Guneri, Siyot, Haripar, Walka nana, Walka mota e Lakhapar, foram registadas oito espécies de plantas ameaçadas. Embora estas RF estivessem sob controlo, foram registadas pressões graves de corte de madeira e de pastoreio nas aldeias vizinhas. Com base na abundância de espécies ameaçadas e nas ameaças existentes, são sugeridas as seguintes estratégias de gestão.

- RFs como Gugaryani, Chakrai, Mindhiari, Kaniari, Maniyara e Khirsara RFs e extensões florestais adjacentes devem ser objeto de um novo inquérito para a avaliação completa do estado das plantas RET.

- Nestas RF, é necessário identificar as zonas com abundância das espécies ameaçadas acima referidas.

- Os troços identificados devem ser protegidos por uma vedação verde natural através da plantação de *Euphorbia caducifolia* e *Balanites aegyptiaca.*

- Os aldeões locais devem ser informados para evitar o pastoreio e o corte de árvores nos locais potenciais identificados.

- Para além das medidas de proteção, o pessoal florestal envolvido deve ser utilizado para monitorizar estes sítios protegidos, a fim de avaliar e compreender o potencial produtivo das espécies ameaçadas.

- Estes sítios protegidos nas RFs devem ser utilizados com as plantas ameaçadas e podem atuar como bancos de sementes naturais para as espécies ameaçadas.

C. A biodiversidade encontra-se sob um grau de proteção variável nas zonas protegidas e normais, mas uma proporção considerável da biodiversidade manifesta-se fora destas zonas e existe sem qualquer proteção. Dada a limitação de declarar mais áreas como áreas protegidas e a necessidade de participação das comunidades locais nos esforços de conservação, o conceito de AEE está a ganhar popularidade. Durante este estudo, foram registadas as seguintes áreas com diversas espécies de plantas e alguma flora ameaçada. Uma vez que estas zonas não têm qualquer estatuto de zona protegida, estão sujeitas a fortes pressões bióticas por parte dos aldeões locais. (No entanto, estas zonas registaram uma elevada diversidade floral, não sendo discutida a riqueza floral específica da zona).

1. **Piper:** É uma zona montanhosa situada perto de Narayan Sarovar e oferece uma grande diversidade

de espécies florais. Durante este estudo, foi registado um total de 108 espécies de plantas. Além disso, verificou-se que esta zona montanhosa constitui o habitat de seis espécies ameaçadas.

2. Kharai: Esta zona é dominada por um matagal de espinhos com 127 espécies de plantas. Destas espécies vegetais, cerca de 42 são plantas medicinais e cinco têm importância para a conservação.

3. Punrajpur: Esta área não protegida suporta 106 espécies de plantas, das quais cinco são importantes para a conservação.

4. Vayor e Vagoth: Esta área da aldeia, ou seja, uma zona de agricultura e de pastagem comum, albergava um total de cinco espécies vegetais de importância para a conservação, incluindo a espécie vegetal altamente ameaçada *Coralocarpus conocarpus.*

- Tendo em conta a elevada diversidade florística destas zonas das aldeias, foi sugerido que estes micro-habitats fossem declarados como zonas ecologicamente sensíveis (AES).
- Deve ser identificada a dependência dos aldeões dos pontos quentes identificados para os seus recursos naturais, como a recolha de forragem e de lenha.
- Muitas organizações governamentais e não governamentais (Shrujan, Ashapura Founadation, Setu-Abhiyan, KMVS e VRTI) e organizações de investigação estão atualmente a trabalhar com os aldeões da área das AES propostas. A fim de reduzir as pressões bióticas nas áreas identificadas como "hot spots", os aldeões dependentes devem estar ligados a estas organizações para obterem benefícios socioeconómicos.
- Todos os pontos quentes identificados devem ser estritamente proibidos para pastagem e corte de madeira, fornecendo recursos alternativos através dos programas de desenvolvimento em curso.
- Sugere-se a criação de comités de gestão florestal e de recursos ao nível da aldeia e o acompanhamento da AEE.

CAPÍTULO 2

AVALIAÇÃO PARTICIPATIVA DOS RECURSOS NATURAIS

2.1 Introdução

Até há pouco tempo, as principais fontes de economia da região ocidental de Kachchh eram a agricultura de sequeiro e a criação de animais. No entanto, nas últimas décadas, o desenvolvimento industrial, juntamente com as actividades associadas, como a exploração mineira e os transportes, tornou-se uma importante fonte de economia nesta região. A industrialização é importante para o desenvolvimento que abre caminho ao desenvolvimento de infra-estruturas e à criação de forças de mercado com uma economia melhorada à escala local e regional. O desenvolvimento subsequente também transforma as actividades económicas, desviando as forças de trabalho da agricultura tradicional e da criação de animais para a construção de infra-estruturas e operações industriais. Durante os nossos inquéritos socioeconómicos, os inquiridos mais experientes também chamaram a atenção para a notável mudança da economia baseada na agricultura para a economia baseada na indústria. Outra razão para esta mudança é a frequência crescente das secas, que tem um impacto negativo na economia baseada na agricultura e na pecuária nesta parte de Kachchh. Evidentemente, Gujarat, incluindo a região de Kachchh, registou 12 anos de seca e quatro grandes situações de escassez durante os últimos 40 anos (Anon. 2005). De acordo com os registos do departamento de estatística distrital de Kachchh, com base em Bhuj (2005-06), 2-3 anos numa década enfrentam uma seca grave e apenas 2-3 anos recebem boa precipitação (DSO 2007). A precipitação média nos últimos 10 anos foi de 337 mm para Lakhpat taluka de Kachchh ocidental, no entanto, em 1996, 2002 e 2005, este taluka recebeu apenas 29, 58 e 98 mm de precipitação, respetivamente (DSO 2009).

A agricultura é praticada principalmente durante a monção e também durante o inverno, se o ano for de boa pluviosidade. No entanto, durante os anos normais ou de baixa pluviosidade, fenómeno habitual em Kachchh (e também na região ocidental de Kachchh), a população local tem de procurar uma opção alternativa de subsistência e uma fonte de rendimento. Esta situação levou-os, por vezes, a trabalhar como operários em indústrias e minas que funcionam na região ocidental de Kachchh. O governo adoptou vários regimes e programas para o desenvolvimento rural e a segurança dos meios de subsistência. Por exemplo, o regime nacional de garantia do emprego rural (NREGS), que prevê a obrigação de proporcionar 100 dias de emprego em actividades de desenvolvimento rural a um membro de cada família da aldeia. Existem igualmente outros regimes, tais como o Suvarn Gram Swarojgar Yojana (SGSY), o Watershed Development Programme (WDP), o Indira Awas Yojana (IAY) e o Sardar Awas Yojana (SAY), através dos quais o governo está a trabalhar para o bem-estar da comunidade local. Apesar de vários regimes funcionais, a população rural optou por empregos temporários e de operário em zonas industriais e minas próximas, a fim de satisfazer as necessidades de subsistência das suas famílias.

O capítulo tem por objetivo conhecer a situação social e económica das populações locais que vivem em aldeias situadas nas proximidades de complexos mineiros na região ocidental de Kachchh e examinar as infra-estruturas existentes e passadas, a socioeconomia, a saúde, a educação e outras instalações, a fim de avaliar o impacto das actividades mineiras em curso e das actividades de desenvolvimento associadas, como a urbanização e os transportes. Além disso, o presente estudo examina esse impacto na disponibilidade de recursos para a população local e a sua perceção das actividades de desenvolvimento actuais e propostas. O estudo foi realizado para investigar os seguintes objectivos:

- Avaliar a condição socioeconómica das populações locais que vivem nas aldeias em torno dos complexos mineiros,
- Avaliar a distribuição espacial e elaborar mapas dos recursos naturais e da sua utilização pela população local,
- Identificar o impacto da exploração mineira e de outras actividades de desenvolvimento na educação, na saúde e na situação económica das populações locais,
- Avaliar a perceção da população local em relação à exploração mineira e a outras actividades de desenvolvimento e examinar os esquemas funcionais de desenvolvimento do governo na região.

2.2 Amostragem no terreno e inquérito socioeconómico

Realizámos várias visitas de campo (mais de 15 viagens durante mais de 90 dias de campo) para realizar os inquéritos socioeconómicos a todas as aldeias em torno de três complexos mineiros principais, ou seja, os complexos mineiros de Panandhro, Mata- na-madh e Jadva, entre novembro de 2007 e março de 2009. Para determinar o impacto das actividades mineiras, todas as aldeias foram agrupadas em três zonas, a saber, zona central (aldeias num raio de 5 km dos complexos mineiros), zona tampão (aldeias entre 5 e 10 km de raio) e zona exterior (para além de 10 km de raio). Foi abrangido um total de 74 aldeias, das quais 8 se situam na zona central, 47 na zona tampão e 19 nas zonas exteriores (incluindo 12 nas faixas costeiras). A equipa de inquérito do projeto visitou as aldeias identificadas para se familiarizar com o ambiente da aldeia e compreender a estrutura social da comunidade. Outro objetivo era criar uma boa reputação entre a população local para que o futuro processo de inquérito pudesse ser realizado sem problemas. Estas visitas ajudaram a compreender a visão geral da aldeia, incluindo o estilo de vida dos aldeões, o conhecimento das actividades profissionais do dia a dia, as comodidades ou instalações disponíveis para os aldeões, o perfil demográfico da sociedade e as comunidades dominantes nas aldeias.

Após o reconhecimento, foi efectuado um inquérito pormenorizado dessas aldeias a dois níveis, ou seja, a nível da aldeia e do agregado familiar, utilizando várias técnicas, tais como a Avaliação Rural Participativa (PRA), a Discussão em Grupo Focalizada (FGD) a nível da aldeia e o inquérito por questionário (com perguntas abertas e fechadas) a nível do agregado familiar. Os agregados familiares seleccionados para o presente inquérito representam diferentes estratos de partes interessadas na sociedade com base no seu estatuto económico e ocupação para compreender o perfil socioeconómico da área de estudo. Os intervenientes foram seleccionados de forma a serem representativos das classes etárias jovens e idosas, para identificar questões actuais de importância, bem como para memorizar os principais acontecimentos do passado que ocorreram na comunidade. A imparcialidade de género durante os inquéritos não pôde ser mantida devido à falta de uma assistente social na nossa equipa de inquérito socioeconómico, sem a qual não era possível interrogar as mulheres na sociedade local conservadora.

2.3 Avaliação rural participativa

A Avaliação Rural Participativa (ARP) foi realizada para obter informações gerais sobre uma aldeia, incluindo o mapa da aldeia e dados sobre as infra-estruturas, a atividade de rotina diária dos residentes, a ocupação, as comodidades básicas como a escola, o hospital, a eletricidade, as lojas e os transportes, juntamente com os problemas que os aldeões enfrentam e para conhecer a sua opinião sobre a exploração mineira e outras actividades de desenvolvimento. Através deste processo, os aldeões foram encorajados a analisar, definir, descrever e decidir sobre vários atributos físicos, sociais e naturais das suas aldeias. A equipa do projeto envolvida na realização da ARP actuou como alguém de fora e ajudou as comunidades locais no processo de participação para definir e descrever vários atributos da configuração rural. Este exercício ajudou a trazer à tona o conhecimento, a perceção e os factos a nível local sobre a condição das pessoas e das aldeias. Foi realizada uma série de reuniões abertas (uma reunião aberta inicial, uma reunião final e uma reunião de acompanhamento) que enquadraram a sequência das actividades de ARP durante o presente estudo. As ferramentas comuns utilizadas na realização do exercício de ARP foram o mapeamento e a modelação, o diagrama sazonal e as discussões de grupos de foco. Estas ferramentas ajudaram a incorporar a experiência, os conhecimentos, as formas, as ideias e o envolvimento da população local a custos mais baixos, de uma forma participativa, para identificar várias questões relacionadas com fenómenos sociais, físicos e naturais de uma determinada aldeia ou conjunto de aldeias.

O primeiro passo foi preparar os aldeões para o Exercício de ARP, para o qual a equipe do projeto, depois de selecionar o local de pesquisa (ou aldeia) e a discussão preliminar com os aldeões, fez uma visita à aldeia e seus arredores e fez observações sobre vários recursos disponíveis para os aldeões e outras características da área. Seguiu-se a reunião com várias partes interessadas que representavam várias castas, classes econômicas e de ocupação da sociedade da aldeia, que se encarregaram da coleta e análise de dados, enquanto a equipe do projeto facilitava o processo para preparar certos mapas básicos da aldeia que incluem informações sobre a infraestrutura da aldeia, os limites da aldeia e o diagrama de Venn, o calendário sazonal, a atividade diária de rotina do homem de acordo com a estação, o diagrama demográfico (família de acordo com a casta, a população de acordo com a ocupação e a população de gado), os recursos da aldeia e a identificação de assuntos importantes relativos à socioeconomia da aldeia. Também facilitámos as discussões de grupo de foco entre várias partes interessadas da comunidade da aldeia para compreender o impacto da exploração mineira nos meios de subsistência locais.

2.4 Inquérito por questionário e discussão em grupo

As informações sobre os atributos socioeconómicos das aldeias recolhidas através do procedimento acima referido foram complementadas por informações secundárias obtidas junto de vários gabinetes distritais de departamentos competentes em Kachchh. Além disso, o questionário do inquérito às famílias (anexo 11.1) incluía uma série de perguntas sobre os antecedentes da família, a ocupação, a educação, a propriedade fundiária, as condições de saúde, o padrão de cultivo, a fonte de energia, as despesas e os rendimentos, bem como as suas atitudes em relação às minas. Quando a informação dos questionários preenchidos foi analisada estatisticamente, permitiu à equipa quantificar o impacto da exploração mineira nos meios de subsistência da população local. Os resultados dos inquéritos aos agregados familiares foram utilizados para descrever as características sócio-económicas-demográficas - fonte de rendimento, rendimento, despesas, educação, saúde, posse de terra, vantagens e desvantagens da exploração mineira - do agregado familiar, enquanto se realizavam os inquéritos, foi possível localizar um total de 589 agregados familiares. A discussão em grupo focalizado também forneceu informações sobre a situação atual da aldeia, problemas e potenciais soluções. A observação geral feita pelos membros da equipe de pesquisa foi bastante útil para fornecer informações adicionais para descrever a infraestrutura da aldeia, o padrão de uso da terra, a ocupação e as comodidades básicas da aldeia. Além disso, ela ajudou a verificar as informações fornecidas pelas pessoas locais.

2.5 Cartografia participativa dos recursos naturais (PNRM)

Além disso, o mapeamento dos recursos naturais foi efectuado com recurso a levantamentos no terreno e a técnicas de SIG, com a ajuda de dados de alta resolução obtidos por teledeteção em aldeias seleccionadas em torno de três complexos mineiros, utilizando abordagens participativas. As várias partes interessadas envolvidas no PNRM incluem os chefes de aldeia, agricultores, trabalhadores, empresários e outros profissionais, como professores e profissionais de saúde. Para o PNRM, foram utilizados os dados LISS 4 de 16 de março de 2007, obtidos por deteção remota. O mapa dos limites das aldeias à escala de 1:50.000 foi sobreposto a esta imagem e as fotografias de cada aldeia com dados de teledeteção foram depois levadas e verificadas com a ajuda da população local através de uma série de reuniões consultivas na respectiva aldeia. No total, foram abrangidas 55 aldeias para a recolha de informações sobre a distribuição espacial de vários recursos em água, minerais, terra, árvores e animais selvagens.

2.6 Classificação das aldeias

Comparámos vários atributos socioeconómicos entre as zonas centrais e as zonas-tampão, que são representadas pelas aldeias situadas num raio de 0-5 km e 5-10 km de três complexos mineiros. As aldeias que se situam para além da zona tampão, incluindo as situadas na região costeira, também foram estudadas e analisadas durante o presente estudo. Os esquemas de aldeias seleccionadas estudadas para o PNRM foram integrados em função do local da mina e subsequentemente discutidos nos parágrafos anteriores deste capítulo. As seguintes aldeias foram inquiridas durante o presente estudo (Quadro 2.1).

Tabela 2.1: Aldeias (74 n.º) inquiridas durante o presente estudo

Panandhro (17 n.º)	Mata na madh (19 n.º)	Jadva (19 n.º)
0 a 5 km, ou seja, zona central (8 n.º)		
1) Panandhro; 2) Fulra; 3) Khanot	1) Mata na madh; 2) Lifri; 3) Dedrani; e 4) Bhadara Nana	1) Jadva
5 a 10 Km, ou seja, zona tampão (47 n.º)		
1) Guneri; 2) Kaner; 3) Dhareshi; 4) Punrajpar; 5) Shinapar; 6) Malda; 7) Baiyava; 8) Naredi 9) Umarsar; 10) Chhuger; 11) Mundhvay; 12) Akri; 13) Mindhiyari; e 14) Subhaspar.	1) Ashaldi; 2) Dolatpar; 3) Paneli; 4) Valka Mota; 5) Gadani; 6) Ravapar (Navavas); 7) Nagveri; 8) Kuva Paddhar; 9) Jagaliya; 10) Lakshmipur; 11) Bandiyara; 12) Bhandara Mota; 13) Kandhora; 14) Kotda; 15) Bharapar.	1) Rodasar Lakki; 2) Gunau; 3) Lakhmirani; 4) Bhudha; 5) Naredo; 6) Mori; 7) Pipar; 8) Hothiay; 9) Khirsara; 10) Golay; 11) Ber Moti; 12) Ber Nani; 13) Pakho; 14) Kharai; 15) Harudi; 16) Baranda; 17) Navavas Vandh; e 18) Gugaryani.
Aldeias fora do raio de 10 km e zonas costeiras, ou seja, Zona Exterior (19 n.º)		
1) Amiya, 2) Meghpar, 3) Haroda, 4) Valka nana, 5) Vigodi, 6) Gaduli, 7) Bandiya, 8) Kanoj, 9) Kaiyari, 10) Chher Moti, 11) Chher Nani, 12) Kunari, 13) Akri-Moti, 14) Kapurasi, 15) Karmata, 16) Lakhpat, 17) Narayan Sarovar, 18) Tehra e 19) Thumdi.		

As aldeias da zona exterior não foram inquiridas para efeitos de cartografia participativa dos recursos naturais (PNRM).

2.7 Socioeconomia geral: Uma visão geral

A população humana nas aldeias é dominada pelas comunidades Darbar e Jat, de religião hindu e islâmica. Os resultados da ARP revelaram que a população total das aldeias é de 48154 indivíduos, dos quais 53% têm um rácio de sexo de 1:0,90 (masculino: feminino). Do total da população, 14% e 6% pertencem à casta e à tribo registadas, respetivamente. O tamanho médio da família, conforme revelado pelo inquérito aos agregados familiares, é de 5,38 indivíduos/família. No entanto, 1,2% dos agregados familiares foram registados com nove membros da família. As estatísticas populacionais por zona são apresentadas na Figura 2.1. A tabela 2.2 apresenta uma comparação da situação populacional de 2001 e 2007, sugerindo que a população nas zonas centrais aumentou 17% (aumento de 29% na população masculina) entre 2001 e 2007 e diminuiu 11% (diminuição de 5% na população masculina) na zona tampão durante o mesmo período. A razão mais provável para a congregação da população, especialmente da população masculina, é o aumento da procura de mão de obra para o trabalho braçal que é necessário para fazer face às actividades de desenvolvimento adicionais que têm lugar nesta região. Além disso, a exploração mineira requer muita mão de obra económica que é normalmente trazida de outros estados para esta região. Este facto é também corroborado pelo aumento de 26% no número de agregados familiares, o que indica o afluxo de um maior número de pessoas da classe trabalhadora em comparação com os jovens.

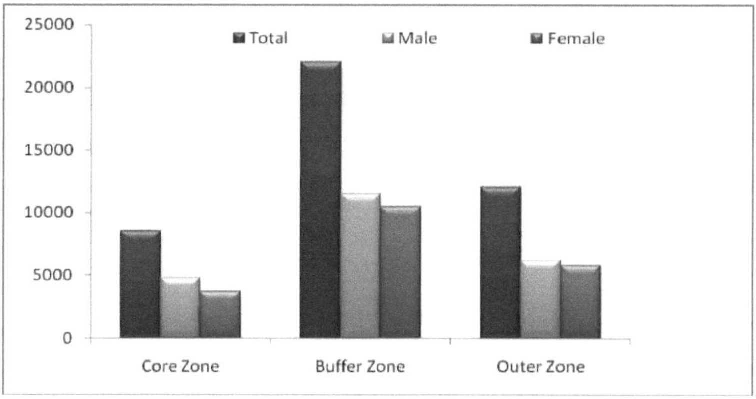

Figura 2.1: Composição demográfica por zona, i.e., número de indivíduos

Quadro 2.2: Situação da população nas aldeias da amostra em 2001 e 2007 e % de alterações.

Parâmetros demográficos	Zona central			Zona tampão			Zona exterior		
	2001	2007	Variação em %	2001	2007	Variação em %	2001	2007	Variação em %
Total do agregado familiar	1206	1460	21.1	4486	4224	-26.3	2066	2123	2.8
População total	7285	8546	17.3	24568	27575	-10.5	10838	12033	11
População masculina	3736	4815	28.9	12704	14362	-9.2	5711	6216	8.8
População feminina	3549	3731	5.1	11862	13213	-11.8	5127	5817	13.5
População da SC	1437	2362	64.4	2923	2864	-24.8	1014	1329	31.1
População ST	793	1235	55.7	920	1062	-10	444	786	77
Razão sexual (mulheres por 1000 homens)	950	775	-18.4	934	907	-2.9	898	936	4.2

Fonte: Registo do recenseamento do Governo da Índia para 2001.

A população ativa constitui 43% da população total das aldeias incluídas na amostra. 53% de todos os trabalhadores são trabalhadores agrícolas, seguidos de outros trabalhadores (31%) que se dedicam principalmente a trabalhos de alvenaria, construção, criação de gado, lojas de retalho locais e empreiteiros. Os trabalhadores industriais constituem apenas 16% do total de trabalhadores, que trabalham principalmente nas minas do GMDC e nas centrais térmicas.

O aumento da mão de obra global entre 2001 e 2007 foi de 63%. O aumento máximo (ou seja, 88%) foi registado entre os trabalhadores da zona central, onde os trabalhadores industriais aumentaram 117% (Quadro 2.3). O maior aumento de trabalhadores industriais e agrícolas na zona central indica a disponibilidade de mais fontes económicas e diversas opções de subsistência para a população local. Este facto é também corroborado pela diminuição do rácio entre os sexos, que indica que apenas os homens trabalham. Em comparação com a zona central, as outras duas zonas, ou seja, as zonas tampão e exterior, registaram um aumento muito elevado de trabalhadores agrícolas em comparação com os trabalhadores industriais (Quadro 2.3).

Curiosamente, a proporção de trabalhadores que se dedicam a outras actividades está a diminuir nas zonas-tampão, o que sugere que as pessoas tendem a procurar trabalhadores industriais e agrícolas na zona central.

Tabela 2.3: Situação da população ativa em várias profissões.

Tipo de trabalhador	**Zona central**			**Zona tampão**			**Zona exterior**		
	2001 (%)	2007 (%)	Variação em %	2001 (%)	2007 (%)	Variação em %	2001 (%)	2007 (%)	Variação em %
Trabalhadores agrícolas	37.31	39.20	97	46.86	63.67	107	36.99	47.05	103
Trabalhadores das indústrias	29.54	39.05	117	3.44	8.39	20	2.68	2.75	5
Outros trabalhadores	33.13	21.73	21	49.68	27.92	-15	60.31	50.18	53
Total	3178	5968	88	6436	9818	53	3165	5045	59

2.8 Ocupação

As três principais ocupações da população local na área de estudo são a agricultura, a criação de animais e o trabalho industrial, onde a maioria da população local trabalha como operária. 23339 (ou seja, 48%) do total de 48154 indivíduos pertencem à classe trabalhadora, dos quais 53% se dedicam à agricultura (Quadro 2.4). Muitos destes agricultores tornam-se trabalhadores durante o período de vacas magras, ou seja, no verão e no inverno. O nosso inquérito ao agregado familiar revelou que apenas 28% das pessoas se dedicam à agricultura e 40% trabalham como operários na GMDC e na central térmica. Cerca de 6% destes agricultores possuem também gado. Os que têm o gado como única ocupação constituem apenas 8% da população total (Quadro 2.4). Cerca de 7% estão empregados em organismos públicos ou privados. O rendimento e as despesas médias anuais de uma família são de 47893 rupias e 31326 rupias, respetivamente. A despesa média em géneros alimentícios é de 12704 rupias. A Figura 2.2 apresenta estatísticas pormenorizadas sobre o rendimento anual médio por profissão, a despesa total e a despesa com géneros alimentícios das famílias. As estatísticas por zona para as mesmas variáveis são apresentadas na Figura 2.3.

Quadro 2.4: Situação profissional do agregado familiar

Ocupação	Nenhum dos inquiridos	Percentagem	População	Percentagem
Agricultura	129	22	672	21.2
Agricultura e pecuária	34	6	191	6.03
Negócios	34	6	178	5.62
Pescador	8	1	38	1.2
Trabalho	233	40	1272	40.13
Trabalho na G.M.D.C	41	7	218	6.88

Mão de obra na central térmica	3	1	14	0.44
Criação de animais vivos	47	8	267	8.42
Serviço	43	7	98	3.09
Outros	17	3	222	7
Total	589	100	3170	100

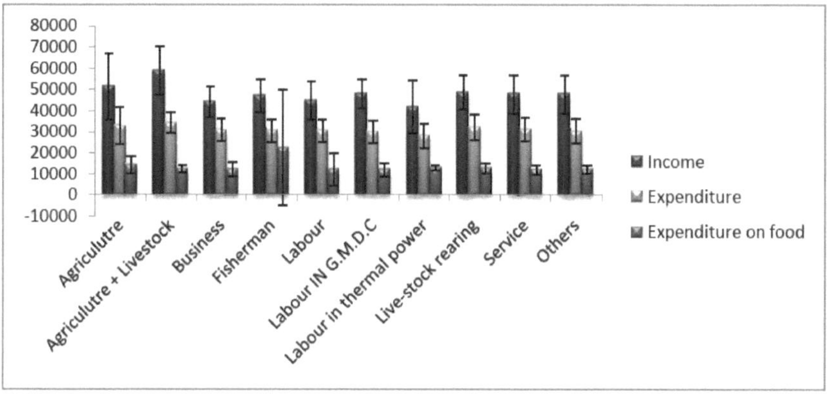

Figura 2.2: Rendimento e despesa média anual das famílias em rupias. As barras de erro indicam o desvio padrão.

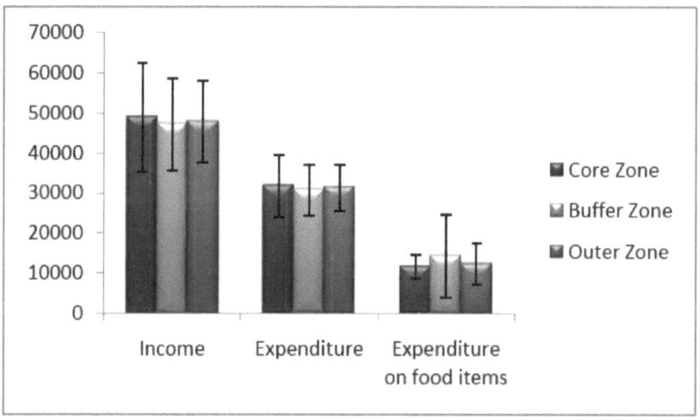

Figura 2.3: Rendimento e despesa média anual das famílias (em rupias). As barras de erro indicam o desvio padrão.

Outra ocupação bizarra é o fabrico de carvão de prosopis, que é muito comum em aldeias como Fulra, Mindhyari, Subhashpar, Ashaldi, Akri e Kotda. Um estudo de caso da aldeia de Mindhyari, onde 100% da população está envolvida no fabrico de carvão de prosopis como principal fonte de subsistência e, em média, 79% do rendimento familiar nesta aldeia foi obtido a partir desta atividade (Ayar et al. 2009). O seu estudo também sugere que os povoamentos puros e mistos de Prosopis existentes nas proximidades da aldeia são suficientes para fornecer um abastecimento sustentado a longo prazo de prosopis em bruto. No entanto, apesar de ser a principal fonte de economia, a maioria das famílias (94%) acreditava que a invasão de *Prosopis* era o principal fator que contribuía para a diminuição da agricultura, das terras de pastagem, da propagação de doenças do gado e dos seres humanos (malária) e não recomendava a favor do negócio de produção de carvão de Prosopis.

2.9 Pecuária

A pecuária é a opção de subsistência mais procurada depois da agricultura devido à disponibilidade de prados abertos e pastagens em vários habitats florestais, tais como prados, savanas, matagais e florestas espinhosas. Além disso, as terras gaucher na maioria das aldeias complementam as necessidades de forragem do gado.

O efetivo pecuário total nas 74 aldeias é de 97071, com um mínimo de 67 na aldeia de Akri e um máximo de 5172 na aldeia de Mata na madh. O efetivo pecuário médio (±desvio padrão) nas aldeias é de 1312 (±1167). O efetivo pecuário médio (± desvio padrão) nas zonas central, tampão e exterior é de 1757 (±1596), 1242 (±1166) e 1296 (±980), respetivamente. A análise zonal da população pecuária da aldeia revelou que a população de todos os tipos de gado, incluindo vacas, búfalos, cabras e ovelhas, é mais elevada na zona central, seguida da zona exterior e da zona tampão (Figura 2.4). O total de efectivos pecuários nas zonas central, tampão e exterior é de 14058, 58395 e 24618, respetivamente. A proporção de cabras e ovelhas varia entre 66% e 78% do efetivo pecuário de uma determinada zona. A proporção de vacas é superior à de búfalos. A figura 2.5 apresenta estatísticas pormenorizadas sobre a proporção de animais nas várias zonas.

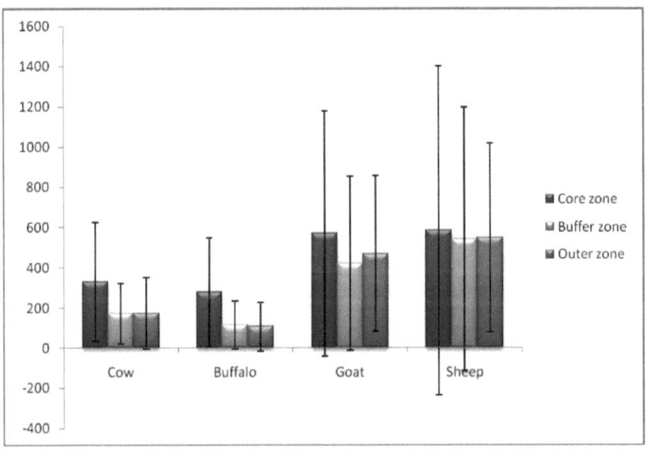

Figura 2.4: Efetivo pecuário médio nas aldeias. As barras de erro indicam o desvio padrão.

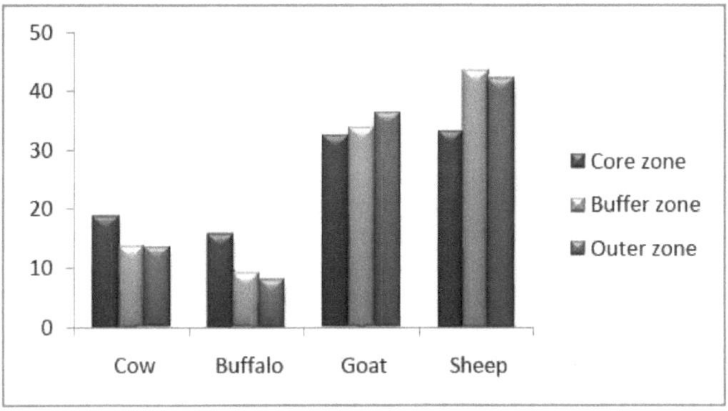

Figura 2.5: Proporção de efectivos pecuários em várias zonas.

Em geral, a comunidade Jatt tem o maior número de cabeças de gado do que as outras comunidades da região. A maior parte da população bovina das aldeias estudadas pertence à raça indígena Kachchhi (raça desi), enquanto a população caprina pertence à raça Rabari e a população ovina pertence às raças Patanwadi, Marwadi e mistas. Considera-se que estas raças de bovinos, ovinos e caprinos são as melhores, tanto em termos de produção de leite como de resistência à variabilidade climática, como as secas e os meses quentes de verão. O leite é a principal fonte de economia para as famílias que têm um bom efetivo pecuário. A maior parte das famílias que têm 2 ou 3 animais produtores de leite não vendem leite ou produtos lácteos e utilizam-nos para uso doméstico. Outras fornecem quantidades a granel aos subúrbios próximos, ou seja, Varmanagar, Dayapar e Naliya.

2.10 Exploração fundiária, agricultura e padrão de cultivo

A maioria da população não tem terra, apenas 28% dos agregados familiares possuem terra, dos quais apenas 6% possuem mais de 20 acres de terra, enquanto 14% dos agregados familiares têm 11-20 acres de terra. De todos, apenas 39% das terras foram irrigadas. Com base no padrão de posse de terra, os agregados familiares foram estratificados em cinco categorias: (1) sem terra, (2) aqueles que possuem <10 acres de terra, (3) aqueles que possuem 11-20 acres de terra, (4) aqueles que possuem 21-30 acres de terra, e (5) aqueles que possuem > 30 acres de terra. O rendimento médio e as despesas dos agregados familiares inquiridos pertencentes a várias categorias de posse de terra são apresentados na Figura 2.6.

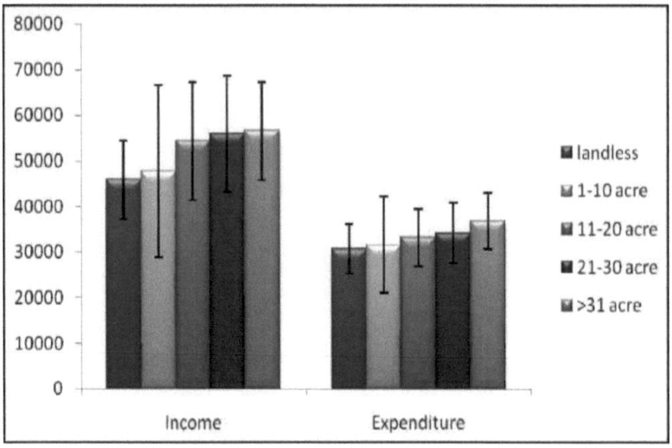

Figura 2.6: Rendimento médio anual e despesas das famílias (em rupias) de pessoas pertencentes a várias categorias de proprietários. As barras de erro indicam o desvio padrão.

De acordo com o recenseamento de 2001, a área agrícola das 74 aldeias é de 35613 ha, dos quais apenas 7% são irrigados. Nos campos agrícolas onde não existe irrigação, o cultivo é praticado apenas durante o período pós-monção, após o que os campos permanecem em pousio durante o resto do ano. As principais culturas nesta região são o amendoim e o rodízio, que produzem óleo. Cereais como Jowar, Bajra e leguminosas como Mug são outras culturas comuns durante o período pós-monção. Nas aldeias onde existem instalações de irrigação, as pessoas cultivam algodão, amendoim e rícino durante o inverno.

2.11 Equipamentos básicos nas zonas rurais

2.11.1 Água

Todos os habitantes das aldeias estão a receber água potável do Gujarat Water Supply Service Board (GWSSB). No total, as aldeias inquiridas têm 113 reservatórios de água (aéreos e subterrâneos), 38 poços tubulares, 100 lagos e 179 poços (como no anexo 11.2). A média da aldeia (±desvio padrão) para tanques, poços tubulares, lagos, poços e canais é de 1,5 (±0,8), 0,5 (±3,0), 1,4 (±0,8), 2,4 (±9,0) e 0,1 (±0,4), respetivamente. Os tanques, que normalmente contêm 50.000 - 100.000 litros de água, são construídos pela Organização de Gestão da Água e do Saneamento. A aldeia de Kanoj em Lakhpat taluka e a aldeia de Jagaliya em Abdassa taluka têm um máximo de 4 tanques de água. A aldeia de Lakshmipar tem um máximo de 26 poços tubulares (68% de todas as aldeias inquiridas). Esta aldeia tem 68% de todos os poços tubulares e está entre as aldeias bem irrigadas da área de estudo. A aldeia de Lakhpat tem um máximo de 70 aldeias. O lençol freático é mais elevado na zona costeira, mas a água é mais salgada e não pode ser utilizada para beber ou para irrigação. O Governo construiu canais em Fulra, Dhareshi, Mundhvay, Mindhyari, Subhaspar, Paneli, Valka Mota, Bhadara Mota, Kotda, Kanoj e Kapurasi, o que facilitou a irrigação nestas aldeias. O número de fontes de água em várias zonas é apresentado na Figura 2.7.

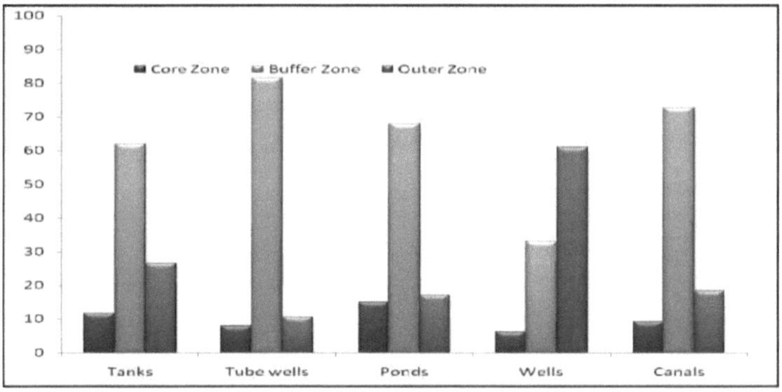

Figura 2.7: Número de fontes de água (%) em várias zonas

Todas as aldeias, exceto Dedrani, dispõem de água potável fornecida pela GWSSB. No entanto, a água potável para o gado local não é suficiente e, particularmente nas secas (verão e tempo de precipitação inadequada), o problema torna-se mais agudo. O esquema relacionado com o desenvolvimento da água na área de estudo é o seguinte:

a) Swajaldhara e Campanha de Saneamento Total: Planos de água e saneamento das aldeias desenvolvidos e implementados pelas comunidades; criação dos comités de água e saneamento das aldeias.

b) Programa de abastecimento de água às zonas rurais: Este programa é aplicado no Estado desde 1961. Estes programas consistem em esquemas regionais de abastecimento de água nas zonas rurais e na instalação de poços simples e bombas manuais.

c) Esquema regional rural de abastecimento de água: Até à data, o GWSSB realizou 466 esquemas regionais rurais de abastecimento de água, abrangendo 10523 habitações (Anon. 2006). Os camiões-cisterna móveis visitam a aldeia quatro dias por semana.

2.11.2 Saúde

Há um total de 9 centros de saúde, mas nenhum Centro de Saúde Comunitário (CHC) em nenhuma das aldeias inquiridas (anexo 2.2). Os CHC mais próximos situam-se em Dayapar e Naliya, as sedes de Lakhpat e Abdassa Talukas. Existem apenas três Centros de Saúde Primários (PHC), situados nas aldeias de Mata na Madh, Baranda e gaduli. Os subcentros dos PHC estão situados em Panandhro, Ravapar (navavas), Dolatpar, Ber Moti, Meghpar e Narayan Sarovar. Os três PHC estão bem equipados com os medicamentos necessários. No entanto, as instalações médicas estão fora do alcance de toda a população rural. O GMDC fornece serviços de ambulância a 22 aldeias situadas perto dos complexos mineiros de Panandhro. De acordo com os dados de 2007-08 de um PHC em Gaduli, a taxa de natalidade média (±desvio padrão) da aldeia é de 26 (±1,2), com um mínimo de 24 nascimentos em Dolatpar, Dhareshi e um máximo em Akri, Khanot e Tehra. 30% dos inquiridos referiram problemas de saúde devido aos complexos mineiros. Apenas 24% das pessoas têm acesso a um exame médico anual e apenas 3% têm essa oportunidade duas vezes por ano. O governo central gere atualmente um total de 11 regimes e programas relacionados com a saúde no Estado e na zona de estudo. Os três principais programas são os seguintes

a) Saúde reprodutiva e infantil: O objetivo do programa consiste em capacitar os indivíduos, as famílias e as comunidades para fazerem escolhas informadas sobre as suas necessidades em matéria de reprodução e de saúde; o desenvolvimento e a execução de planos de saúde nas aldeias são fundamentais para o programa; criação de comités de saúde nas aldeias, bem como de comités consultivos nos subcentros.

b) Programa integrado de desenvolvimento infantil: Centro de cuidados infantis a nível da aldeia para assegurar o crescimento e o desenvolvimento global de todas as crianças, previsto como um centro de propriedade da comunidade gerido por trabalhadores honorários da aldeia.

C) Chiranjivi Yojana: Ao abrigo deste regime, as mulheres grávidas abaixo do limiar de pobreza podem obter serviços de parto gratuitos, mesmo junto de ginecologistas privados.

2.11.3 Educação

Do total de 48154 indivíduos, 53% são literatos. As taxas de alfabetização masculina e feminina são de 65% e 40%, respetivamente. Coletivamente, todas as 74 aldeias têm 77 escolas que incluem 70 escolas primárias e 6 escolas secundárias (Figura 2.8 e anexo 2.2). Existe apenas uma escola secundária sénior na aldeia de Ravapar. Seis escolas secundárias estão situadas em Panandhro, Mata na madh, Bhadra nana, Ravapar, Narayan Sarovar e Gaduli. No entanto, aldeias como Malda, Akri, Dedrani e Mori não têm qualquer escola. Como era de esperar, a taxa de literacia máxima foi observada na classe dos serviços, mas foi apenas de 42%. Surpreendentemente, os operários eram os seguintes entre os grupos alfabetizados, com 35% de taxa de alfabetização. Entre os operários que trabalham no GMDC, cerca de 29% têm algum nível de ensino primário. Cerca de 30% das pessoas alfabetizadas estavam relacionadas com a agricultura e a criação de gado (Figura 2.9).

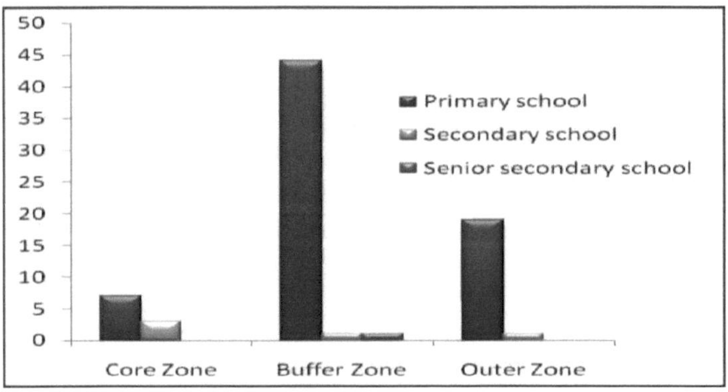

Figura 2.8: Número de escolas por zona

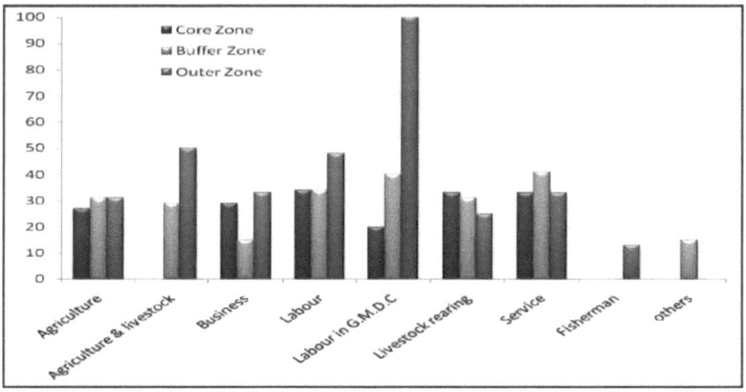

Figura 2.9: Literacia por zona (%) entre as pessoas que pertencem a diferentes profissões

Alguns dos regimes de promoção da educação no Estado que são aplicáveis em Kachchh ocidental são os seguintes

a) Sarva Shiksha Abhiyan: Trata-se de um programa para todas as crianças que frequentam a escola. Planos de educação das aldeias desenvolvidos através de microplaneamento e implementados pelos comités de educação das aldeias com o apoio do governo estatal.

b) Programa de refeições a meio do dia: O Governo do Estado reintroduziu este programa, que foi implementado pelo Governo da Índia através de um programa nacional de apoio nutricional às crianças que frequentam o ensino primário. Este regime foi aplicado em grande medida com base no modelo de refeição a meio do dia de Gujarat, segundo o qual os cereais alimentares (trigo/arroz) são fornecidos ao Estado a uma taxa de 100 g/criança/dia gratuitamente para as crianças em idade escolar do nível 1 ao 7 nas escolas primárias públicas e subvencionadas.

2.11.4 Transporte

Os meios de transporte não são adequados na região ocidental de Kachchh. Os transportes públicos estão disponíveis em 49% das aldeias (Anexo 2.2), mas a frequência é bastante reduzida, sendo maioritariamente uma vez por dia. Existem melhores serviços em algumas das aldeias situadas na autoestrada estatal entre Bhuj e Narayan Sarovar. Devido ao mau serviço dos transportes públicos governamentais, a maioria das pessoas depende mais dos transportes públicos privados. Algumas das aldeias que não dispõem de uma rede rodoviária adequada são Khanot, Guneri, Punrajpar, Malda, Baiyava, Mundhvay, Akri, Mindhyari, Naredi, Lifri, Dedrani, Bandiyara, Kandhora, Bharapar (Bhadaravali), Jadva, Bhudha, Mori, Navavas (vandh), Haroda, Valka nana, Bandiya, Kunri, Akri moti, Karamta e Thumdi. No caso da zona central, apenas quatro das oito aldeias dispõem de transportes públicos. Estas aldeias são Panadhro, Fulra, Mata na madh e Bhadara nana. Enquanto na zona tampão, apenas 23 das 47 aldeias dispõem de transportes públicos.

2.11.5 Energia

Todas as aldeias, exceto Dedrani e Mori, utilizam a eletricidade como principal fonte de energia. Todas as aldeias electrificadas são abastecidas 24 horas por dia, 6 dias por semana, ao abrigo do Jyotigram Yojana. Para cozinhar, a maioria da população depende da lenha, ao passo que, de acordo com o nosso inquérito aos agregados familiares, apenas 1% da população utiliza gás de petróleo liquefeito (GPL) para cozinhar. 75% dos habitantes das aldeias recolhem a lenha nas zonas florestais próximas e os restantes vão buscá-la às explorações agrícolas. As principais plantas para lenha na área florestal incluem as espécies Prosopis, Acacia e Salvadora. GUIDE e GEER (2001) referem que mais de 100 carroças de camelo foram utilizadas na área de estudo e nas suas imediações para fornecer lenha aos hotéis situados nas zonas mineiras perto das aldeias de Panandhro e Subhaspar. A Prosopis também constitui a principal fonte de energia, fornecendo um carvão de boa qualidade que é utilizado principalmente para fins comerciais. A maior parte das populações que habitam as aldeias de Panandhro, Fulra, Khanot, Mundhvay, Mindhyari, Subhashpar, Ashaldi e Kotda utilizam o carvão vegetal como principal fonte de energia para cozinhar e obter calor e calor durante o inverno.

2.12 Mapeamento participativo dos recursos naturais (PNRM)

Identificámos os seguintes três grupos de recursos naturais de aldeias situadas em três complexos mineiros (conforme ilustrado nas Figuras 2.10, 2.11 e 2.12), ou seja, Panandhro, Mata na madh e Jadva. Estes recursos incluem: (1) recursos das zonas húmidas para fins de consumo, agricultura e pecuária;

(2) recursos minerais como a lenhite, o calcário, a bentonite, a bauxite, a argila, a laterite e o petróleo bruto;

(3) recursos terrestres invariavelmente sob agricultura, floresta e gaucher, i.e., usos da terra em aldeias; e (4) recursos biológicos incluindo espécies vegetais e animais selvagens. No anexo 2.3 são apresentadas estatísticas pormenorizadas de todos os recursos naturais disponíveis, geradas através de abordagens participativas que utilizam a deteção remota e o SIG.

Algumas das aldeias, como Kanjari RF, no complexo mineiro de Panadhro; Dhrang, Murchbana, Denma, Bhujaynani, no complexo mineiro de Mata na madh; e Ratipar, Bhujpar, Maniyara, Halapar e Hamankhudi, no complexo mineiro de Jadva, não são atualmente habitadas. O PNRM destas aldeias foi efectuado com a ajuda de pessoas que vivem em aldeias adjacentes.

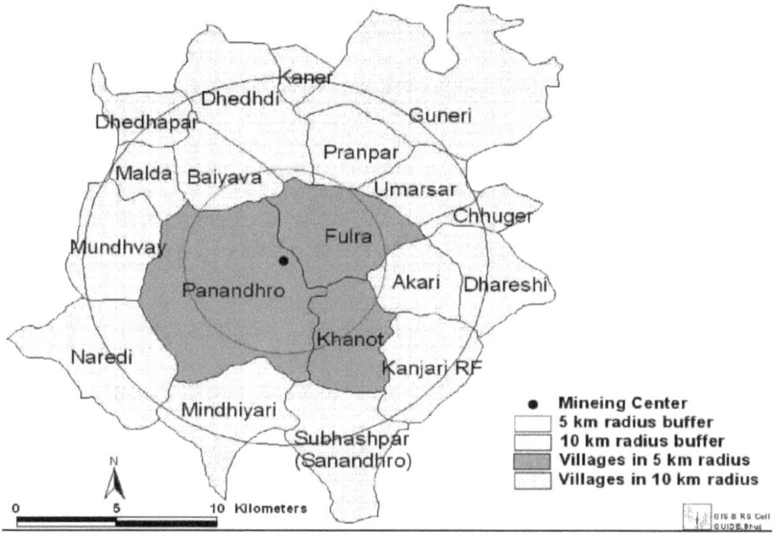

Figura 2.10: Aldeias do complexo mineiro de Panandhro inquiridas para o mapeamento participativo dos recursos naturais. Os nomes das aldeias de Dhedhdi e Dedhapar foram agora alterados para Punrajpar e Shinapar, respetivamente.

Figura 2.11: Aldeias do complexo mineiro Mata na madh inquiridas para o mapeamento participativo dos recursos naturais

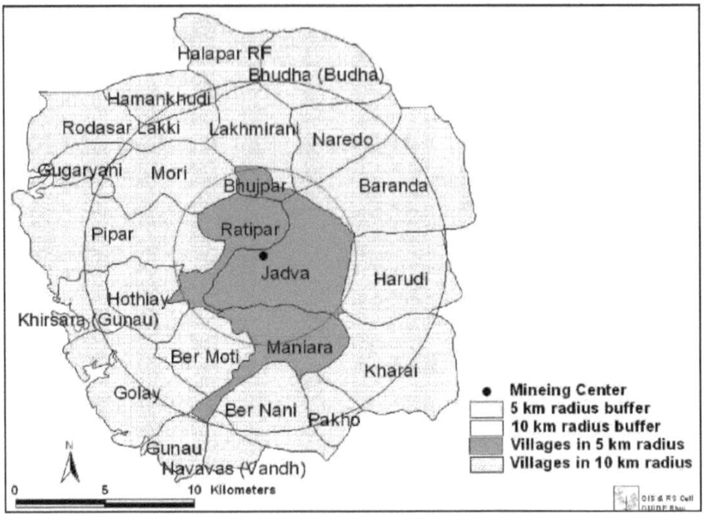

Figura 2.12: Aldeias do complexo mineiro de Jadva inquiridas para a cartografia participativa dos recursos naturais

2.12.1 Recursos das zonas húmidas

As Figuras 2.13, 2.14 e 2.15 apresentam mapas de resultados que mostram a distribuição de vários recursos nas aldeias dos três complexos mineiros. A área total de cada um destes recursos, ou seja, zonas húmidas, recursos minerais e terrestres, na aldeia estudada, era de 1217 ha, 16388 ha e 82314 ha, respetivamente, enquanto o número de parcelas era de 145, 60 e 562, respetivamente, para os três recursos acima mencionados. No total, 64% de todos os recursos disponíveis nas zonas húmidas foram utilizados para fins de irrigação, enquanto 9% e 27% foram utilizados para beber e para a criação de gado (Figura 2.16). Foi observado um padrão semelhante nas zonas centrais e tampão.

2.12.2 Recursos minerais

A maior parte da área (70%) é coberta por complexos mineiros de calcário, seguidos por minas de lenhite e bentonite, que se estendem por 24% e 6% da área total de todas as minas. As minas de bauxite constituem uma fração de terra com uma área de 0,34 ha, ou seja, menos de 0,1% da área total com minas activas em aldeias seleccionadas. Na zona central, as minas de lenhite cobrem 54% da área da zona central. No entanto, na zona tampão, 80% da área foi ocupada por minas de calcário, onde o cimento Sanghi está a proceder à extração de calcário em grande escala nas aldeias de Jadva e Baranda. Os cimentos Sanghi e outros mineiros privados também estão a explorar minas em todas as aldeias das zonas central e tampão, exceto em Panadhro, Fulra e Dhareshi, que se situam na zona central e estão a ser fortemente exploradas pela GMDC para extrair lenhite e bentonite (Figura 2.16).

2.12.3 Recursos terrestres

A agricultura e as terras gauchescas constituem 55% e 34% da superfície de todos os recursos terrestres. Os restantes 11% das terras estão cobertos por florestas. Na zona central, a cobertura florestal é mais elevada (18%) em comparação com 9% na zona tampão, o que se deve principalmente à proximidade do SEN e a manchas densas de prosopis. Todas as oito aldeias da zona central fazem parte do SEN. A proporção de terras Gauchar é de 39% e 33% nas zonas central e tampão, respetivamente (Figura 2.16).

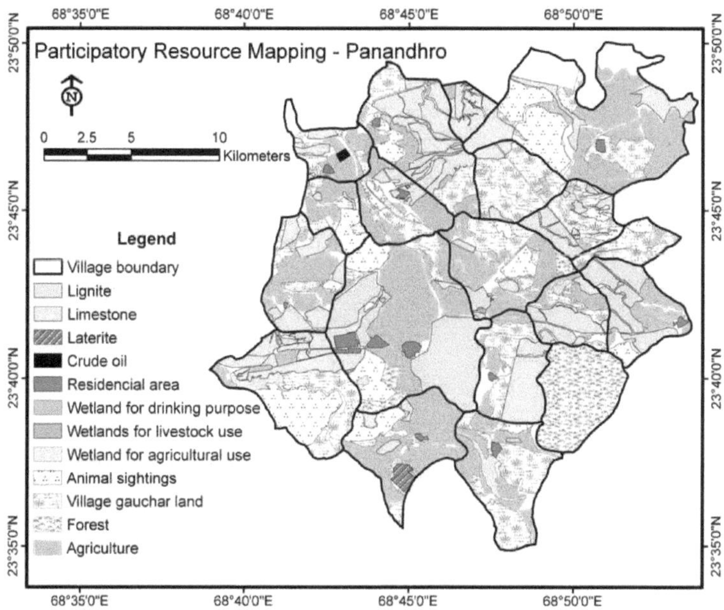

Figura 2.13: Mapa de distribuição dos recursos naturais do complexo mineiro de Panandhro

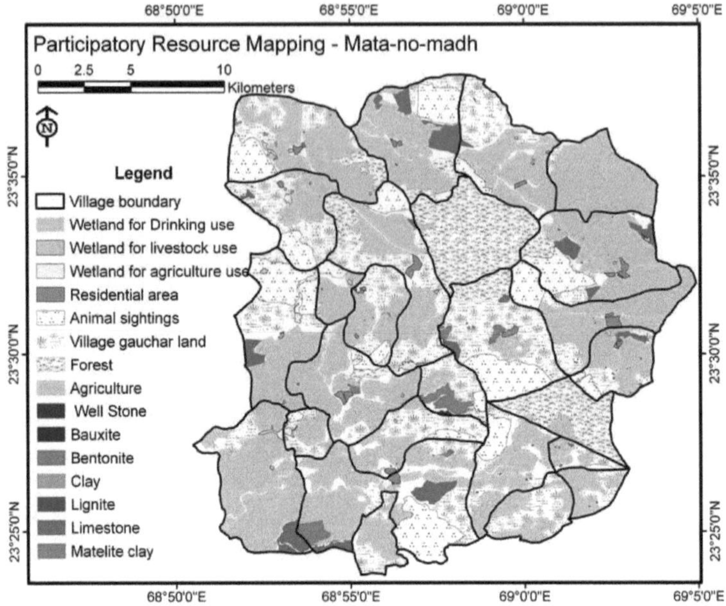

Figura 2.14: Mapa de distribuição dos recursos naturais do complexo mineiro Mata na madh

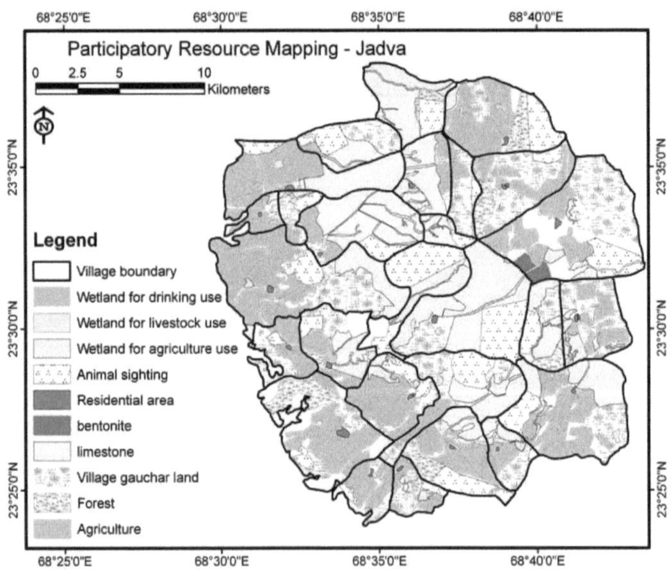

Figura 2.15: Mapa de distribuição dos recursos naturais do complexo mineiro do Jadva

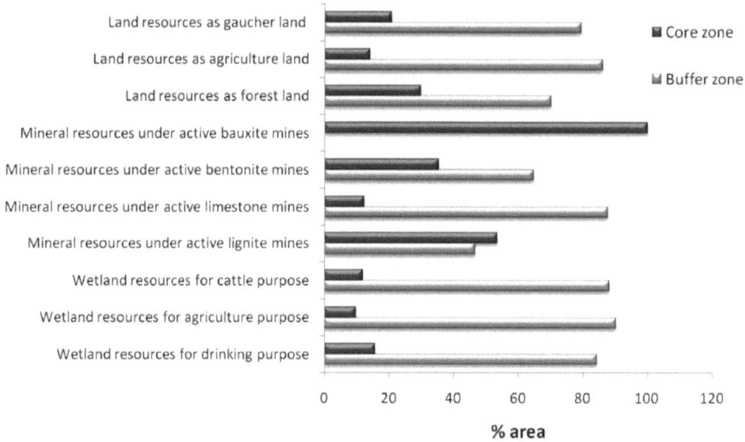

Figura 2.16: Proporção de vários recursos nas zonas núcleo e tampão

2.12.4 Recursos biológicos

No total, foram registadas 20 espécies na zona das aldeias, enquanto apenas 16 foram registadas em zonas florestais próximas. As principais espécies registadas nas aldeias foram *Azadirachta indica, Prosopis juliflora, Salvadora oleoides* e *Salvadora persica. No* caso das zonas florestais dentro dos limites das aldeias, as principais espécies foram *Prosopis juliflora, Salvadora oleoides, Salvadora persica, Prosopis cineraria, Acacia nilotica, Euphorbia caducifolia, Acacia Senegal* e *Capparis deciduas.* As espécies distribuídas nas zonas núcleo e tampão são apresentadas no quadro 2.5.

No total, foram registadas 12 espécies de animais selvagens ao nível da floresta, de acordo com o mapeamento participativo dos recursos. No caso da zona central, os aldeões têm visto habitualmente raposa, hiena, chinkara, nilgai, chacal, mangusto, lebre, porco-espinho e lobo. Na zona tampão, os aldeões referiram a presença de civeta e leopardo.

2.13 Perceção da população local sobre o desenvolvimento

Cerca de 51% dos agregados familiares inquiridos consideram que, com o aumento da exploração mineira e das actividades de desenvolvimento associadas do GMDC, o nível de rendimentos e os meios de transporte (privados) em geral aumentaram, mas 28% consideram que este desenvolvimento não traz qualquer benefício. Apenas 6% dos inquiridos dispõem de serviços médicos fornecidos pelo GMDC, enquanto outros não puderam usufruir desses serviços devido à reduzida frequência da interdição médica móvel do GMDC. Mais de 30% dos inquiridos enfrentam problemas médicos devido à exploração mineira e a outras actividades de desenvolvimento na região. A gravidade é maior nas aldeias da zona central, especialmente nas adjacentes aos complexos mineiros, como Panadhro, Fulra, Khanot, Lifri, Dedrani e Jadva, onde as pessoas enfrentam graves problemas de saúde, principalmente relacionados com problemas respiratórios devido ao excesso de poeira no seu ambiente. Do total de agregados familiares incluídos na amostra, 21% tinham problemas na agricultura e outros 10% tinham problemas de saúde, como problemas respiratórios e poeiras. Revelaram que a poluição causada pelas actividades mineiras, industriais e de transporte nas proximidades das suas aldeias reduziu a produção agrícola das suas terras ancestrais, que era relativamente mais elevada há algumas décadas. Os problemas enfrentados pelas pessoas que vivem em várias zonas são apresentados no Quadro 2.6:

Quadro 2.5: Espécies de plantas nas aldeias situadas nas zonas centrais e nas zonas-tampão, segundo a população local

Zona central	Aldeia	Floresta
	Albizia lebbeck (L.) Bth, *Azadirachta indica* A. Juss, *Capparis decidua* (Forsk.) Edgew. *Cocos nucífera* L. *Ficus religiosa* L. *Polyalthia longifolia* (Sonn.) Thw. *Prosopis cineraria* (L.) Druce *Prosopis juliflora (Sw.) DC.* *Psidium guajava* L. *Salvadora oleoides* Decne. *Salvadora persica* L. *Tamirindus indica L.*	*Acacia Senegal l* (L.) Willd. *Butea monosperma* (Lam.) Taub. *Commiphora wightii* (Arn.) Bhandari *Capparis decidua* (Forsk *Euphorbia caducifolia* Hains. *Zizyphus nummularia* (Burm. F.) W. & A. *Salvadora oleoides* Decne. *Salvadora persica L.* *Prosopis cineraria* (L.) Druce *Prosopis juliflora (Sw.) DC*
Zona tampão	*Albizia lebbeck* (L.) Bth, *Azadirachta indica* A. Juss, *Capparis decidua* (Forsk.) Edgew. *Cocos nucifera* L. *Ficus religiosa* L. *Polyalthia longifolia* (Sonn.) Thw. *Prosopis cineraria* (L.) Druce *Prosopis juliflora (Sw.) DC.* *Calotropis procera* (Ait.) R. Br. *Carica papaya* L. *Datura metel* L. *Cordia gharaf* (Forsk.) E. &.A. *Cordia perrottetii* Wt. *Delonix elata* (L.) Gamble *Derris indica* (Lam.) Bennet *Eucalyptus globulus* Labill. *Ficus benghalensis* L. var. *benghalensis* *Murraya koenigii* (L.) Spr.	*Acacia senegal* (L.) Willd. *Butea monosperma* (Lam.) Taub. *Commiphora wightii* (Arn.) Bhandari *Capparis decidua* (Forsk *Euphorbia caducifolia* Hains. *Zizyphus nummularia* (Burm. F.) W. & A. *Salvadora oleoides* Decne. *Salvadora persica L.* *Prosopis cineraria* (L.) Druce *Prosopis juliflora (Sw.) DC* *Acacia nilotica* (L.) Del. subsp. *indica* (Bth.) Brenan *Calotropis procera* (Ait.) R. Br. *Commiphora wightii* (Arn.) Bhandari *Cordia gharaf* (Forsk.) E. &.A. *Cordia perrottetii* Wt. *Euphorbia caducifolia* Hains. *Grewia tenax* (Forsk.) Fiori *Maytenus emarginata* (Willd.) D. Hou *Zizyphus nummularia* (Burm. F.) W. & A.

Quadro 2.6: Problemas enfrentados pelas populações locais devido à exploração mineira e às actividades de desenvolvimento associadas

Problema	Zona central	Zona tampão	Zona exterior	Aldeia afetada	Observações, se for caso disso
Danos nos terrenos agrícolas e redução das colheitas	3	2	1	Panandhro, Fulra, Khanot, Lifri, Mata na madh, Dhareshi, Subhaspar, KotdaJadva	Devido às centrais térmicas. No caso de Jadva, pela fábrica de cimento Sanghi.
Problemas de saúde que incluem doenças como a asma, doenças de pele, tuberculose, cancro	3	2	2	Panandhro, Fulra, Khanot, Lifri, Subhaspar, Dhareshi, Chher Nani, Chher Moti	Principalmente devido à central térmica
Danos nas casas (especialmente nos telhados) devido ao excesso de pó	3	2	1	Panandhro, Fulra, Khanot, Lifri, Dharesh, Subhaspar, Kotda, Akri	Principalmente devido às centrais térmicas
Aumento da salinidade das águas subterrâneas	3	2	1	Panandhro, Khanot, Fulra, Subhaspar	GMDC Minas e centrais térmicas

Nota: 3=impacto muito elevado, 2=impacto elevado, 1=impacto reduzido, tal como visualizado com base nas informações dos inquiridos

A maioria da população local afirmou que todos os regimes governamentais, exceto os relacionados com a saúde, não são bem aplicados na maioria das zonas. As populações rurais não estão bem informadas sobre estes regimes devido à falta de actividades de divulgação. No entanto, algumas delas estavam conscientes e elogiaram os programas governamentais. Alguns dos regimes, para além dos acima mencionados, que muito poucas pessoas reconhecem, são os seguintes

a. Sampoorna Grameen Swarojgar Yojana: Apoiar as famílias abaixo do limiar de pobreza, mobilizando-as para grupos de autoajuda e proporcionando-lhes oportunidades de subsistência através do microcrédito. A ligação destes grupos aos processos de desenvolvimento mais alargados da aldeia é fundamental para o programa.

b. National rural imployment Gerantee yojana: Ao abrigo deste regime, são concedidos 100 dias de emprego em actividades de desenvolvimento rural a um membro de cada família da aldeia.

c. Indira Awas Yojana: Fornecimento de habitação pakka (duas divisões) às famílias BPL.

d. Sardar Awas Yojana: Fornecimento de habitação pakka (duas divisões) às famílias BPL.

e. Programa de desenvolvimento de bacias hidrográficas: Construir barragens de controlo para as aldeias necessárias num rácio de 90:10 (em termos de rupias) e em termos financeiros. Criação de um comité da água que trata de todo o processo e também de um grupo de autoajuda que poupa rendimentos.

A maioria das pessoas na zona central revelou que a pressão populacional aumentou demasiado devido ao afluxo de população excedentária do exterior que compete com eles pelos meios de subsistência e recursos económicos disponíveis. Muitas vezes têm de lutar para salvar as suas terras agrícolas dos industriais que estão a abrir as suas asas na região. Além disso, o aumento da industrialização e das actividades mineiras nas proximidades das suas aldeias está a causar danos à sua saúde, às suas casas e à sua produtividade agrícola. Em geral, as pessoas que vivem na zona central enfrentam mais problemas do que as que habitam a zona tampão e não estão satisfeitas com as actividades de desenvolvimento em curso, especialmente as actividades mineiras levadas a cabo pela GMDC e pela fábrica de cimento Sanghi nas proximidades das suas aldeias.

2.14 Conclusão

Pode observar-se que houve um aumento de 21% no número de agregados familiares. O aumento total da população na zona central durante este período foi de 17%, enquanto o aumento da população masculina foi de 29%. Isto deve-se principalmente ao influxo de mão de obra para a zona central. A diminuição de 16% no número de agregados familiares e de 9% na população masculina na zona tampão também sugere que as pessoas estavam a migrar desta zona. Foi registada a migração de pessoas da aldeia de Subhashpar devido a danos nos campos agrícolas, mas tais incidências não foram comunicadas por outros aldeões da zona tampão. Poderão ter-se deslocado para a zona central ou para outro local, mas é certo que a maior parte da população que aflui à zona central provém principalmente de fora do Estado de Gujarat. O afluxo da maior parte da população à zona central indica claramente a quantidade de actividades de desenvolvimento que têm lugar nesta região. Como se depreende dos nossos inquéritos, a principal atividade de desenvolvimento na zona central foi a exploração mineira e os transportes e urbanização associados.

Este desenvolvimento pode ser considerado como uma faca de dois gumes para a população local, que está a competir com os forasteiros e também a perder o seu ambiente imaculado devido a poluentes e poeiras que são prejudiciais para a sua saúde, casas e opções tradicionais de subsistência, como a agricultura e a criação de animais. Além disso, estão a perder as suas terras agrícolas nas mãos de grandes industriais, o que apareceu como uma das principais queixas expressas pela população local relativamente às actividades de desenvolvimento na região durante o nosso inquérito socioeconómico. 22 % dos agregados familiares sofreram danos e 10 % sofreram doenças. Por outro lado, o desenvolvimento em curso na região proporcionou fontes alternativas de rendimento à população local e melhorou o seu nível de vida ao proporcionar uma fonte constante de rendimento adicional. Até há pouco tempo, as pessoas enfrentavam dificuldades durante os períodos de escassez, como a escassez devida às secas, que é mais frequente em Kachchh. No entanto, com o início das actividades industriais, as pessoas não dependem apenas das suas fontes tradicionais de subsistência. Uma outra observação interessante que ficou patente nos nossos inquéritos é a sensibilização da população local para os efeitos nocivos da prosopis no ambiente, na ecologia e na saúde pública. Embora as pessoas em certos locais, como Mindhyari, Akri, Mundhvay e Kotda, estejam a tirar benefícios comerciais do negócio de produção de carvão vegetal à base de prosopis, não o recomendam e consideram-no uma ameaça à qualidade ambiental.

Isto pode dever-se ao facto de todos os nossos inquiridos serem homens, que não têm responsabilidade pelas tarefas domésticas, que são principalmente da responsabilidade das mulheres. Como já mencionámos na secção 7.2.2 deste capítulo, não foi possível obter os dados das mulheres devido à ausência de um responsável. Os membros da nossa equipa de inquérito mostram que a situação real da escassez de água nas habitações de qualquer família seria média, eliminando os preconceitos de género dos esforços de amostragem. que No que diz respeito às comodidades básicas, as pessoas não têm qualquer problema com a água potável. No entanto, os outros serviços de saúde, educação e transporte não são adequados, como revelaram as pessoas durante este inquérito. O GMDC está a fornecer um serviço de ambulância gratuito a algumas das aldeias, mas não é suficiente para toda a população da região ocidental de Kachchh. As instalações de ensino não são adequadas na maior parte das aldeias, onde as instalações de ensino se limitam ao nível primário, que não existe em 6% das aldeias inquiridas. Apenas 1 das 74 aldeias tem uma escola secundária sénior e apenas 6 aldeias têm uma escola secundária em todas as aldeias inquiridas. A escola secundária mais próxima situa-se em Naliya e Dayapar, as sedes dos talukas de Lakhpat e Abdassa. O nível de ensino superior mais próximo situa-se em Nakhatrana, outra sede de nível tauka na parte ocidental de Kachchh. Na maioria dos casos, os estudantes de aldeias remotas têm de percorrer diariamente 15 a 20 quilómetros para estudar. Por vezes, os estudantes do complexo mineiro de Jadva têm de percorrer 30 a 40 quilómetros por dia. O mesmo acontece com os serviços de saúde, em que o CHC mais próximo se encontra na sede da taluka acima referida. O governo iniciou vários programas para promover o abastecimento de água, a saúde, a educação e o desenvolvimento rural em geral, mas a maioria da população não tem conhecimento desses programas. Por conseguinte, recomenda-se vivamente que se iniciem actividades de sensibilização da comunidade e de divulgação na região ocidental de Kachchh, para que o maior número possível de pessoas possa beneficiar dos esforços do governo.

CAPÍTULO 3

MONITORIZAÇÃO ECOLÓGICA PARA A GESTÃO SUSTENTÁVEL DOS RECURSOS DA BIODIVERSIDADE

3.1 Introdução

A monitorização de espécies, habitats de vida selvagem e ecossistemas a várias escalas espaciais (escala regional no caso presente) e temporais constitui uma componente importante da gestão de áreas protegidas ou florestas reservadas. A monitorização pode ser a curto ou a longo prazo, dependendo do nível dos objectivos considerados na hierarquia do ciclo de planeamento do projeto. No caso da monitorização a curto prazo, tentar-se-ia acompanhar os vários processos e pacotes para avaliar se estão a ser implementados corretamente e se são eficazes para melhorar o bem-estar dos aldeões, protegendo simultaneamente os recursos naturais. No entanto, a monitorização a longo prazo permite acompanhar o que está a acontecer à saúde do ecossistema como resultado de certas actividades ou políticas. Por exemplo, a decisão do governo estatal de desnaturalizar a maior parte do santuário de Narayan Sarovar e de reduzir a área do santuário de 766 km^2 para 444 km^2, a fim de obter mais terras para aproveitar a riqueza mineral. No entanto, a quantidade exacta de perda de biodiversidade só pode ser prevista através da monitorização a longo prazo dos atributos ecológicos da região. Do mesmo modo, as implicações da decisão do governo de autorizar, em primeiro lugar, e depois proibir, a remoção de prosopis das áreas florestais para a produção de carvão vegetal deixariam algumas marcas no cenário socioeconómico da região. Em ambos os casos, a monitorização a longo prazo poderia desempenhar um papel crucial na determinação das estratégias de gestão para a conservação da biodiversidade nativa da região, bem como na definição do rumo do desenvolvimento progressivo da região de uma forma sustentável.

Este capítulo centra-se na descrição dos protocolos de monitorização e fornece um quadro para a realização da monitorização ecológica dos recursos da biodiversidade, ou seja, características da paisagem que descrevem a utilização e a ocupação do solo e as zonas potenciais de biodiversidade (ou seja, hotspots de biodiversidade); espécies vegetais e comunidades de vegetação; animais selvagens, incluindo mamíferos, aves e herpetofauna.

3.2 Necessidade de monitorização ecológica a longo prazo

A monitorização ecológica a longo prazo é um dos instrumentos ecológicos mais importantes que pode ser efetivamente utilizado, e está a ser utilizado frequentemente em todo o mundo, para acompanhar a saúde do ecossistema e decidir sobre as opções de gestão exigidas pelos decisores e gestores para a conservação das zonas naturais. No contexto atual, é muito importante desenvolver um quadro de monitorização a longo prazo para zonas naturais seleccionadas na região ocidental de Kachchh que estão à beira de perder a sua integridade ecológica à luz do rápido desenvolvimento na região, especialmente devido a indústrias baseadas em minas. Atualmente, a falta de dados rigorosos constitui um grande obstáculo ao desenvolvimento de práticas de gestão oportunas. São necessários dados sobre os padrões gerais dos ecossistemas, bem como informações pormenorizadas sobre os ecossistemas, as comunidades e as espécies. A recolha de dados deve também incidir sobre os impactos socioeconómicos das actividades de conservação na população local, a fim de avaliar a eficácia de qualquer programa.

Embora os valores sociais e económicos dos recursos biológicos nem sempre sejam representados em termos tangíveis, não deixam de ser extremamente significativos. As novas abordagens de monitorização devem assegurar que os valores económicos incorporem expressões de preferência monetárias e não monetárias. A atribuição destes valores qualitativos e quantitativos constituiria uma justificação para uma ação governamental mais eficaz, frequentemente através da utilização de incentivos económicos para a conservação dos recursos biológicos. Uma vez que o valor da conservação dos recursos biológicos pode ser considerável, a conservação deve ser vista como uma forma de desenvolvimento económico. Para cumprir os requisitos dos objectivos de conservação a longo prazo, é extremamente importante também monitorizar os valores indirectos das funções dos ecossistemas, tais como a proteção das bacias hidrográficas, a regulação do clima e do ambiente, os valores de produção para manter as opções abertas para o futuro, e simplesmente saber que certas espécies existem.

3.3 Abordagens de monitorização ecológica a longo prazo

Todas as estratégias de monitorização dependem em grande medida das metas e objectivos da gestão e das necessidades de investigação associadas, que devem ser firmemente estabelecidas antes de qualquer esquema de monitorização ser concebido. Os próximos passos importantes na monitorização incluem a recolha de dados de base, a seleção de índices ou variáveis de monitorização, a conceção e preparação de protocolos de monitorização, a recolha e análise de observações, o arquivo de dados e a elaboração de relatórios. É particularmente importante que os inquéritos de monitorização no terreno sejam realizados com métodos consistentes e rigorosamente aplicados. A combinação da monitorização com projectos de gestão adaptativa também é importante para que a eficácia das práticas e das variáveis de medição para medir efetivamente as alterações de interesse possa ser validada. Por exemplo, se estivermos a monitorizar a densidade de certas espécies de gramíneas como índices da abundância de abetardas, uma experiência de validação revelaria se essa relação é válida.

A consistência, a clareza e a simplicidade são as chaves para um programa bem sucedido. Do mesmo modo, deve haver uma reavaliação periódica do programa para que os dados recolhidos não sejam desperdiçados e se proceda a uma nova avaliação do ecossistema. Assim, uma gestão sólida e científica de qualquer área protegida ou floresta reservada requer um ciclo contínuo de inventário, avaliação e controlo. A monitorização requer tempo, recursos e mão de obra, pelo que é essencial que o protocolo de monitorização especifique claramente O QUÊ, QUANDO, ONDE e COMO monitorizar os vários aspectos dos impactos ecológicos e socioeconómicos. A monitorização da vida selvagem, do habitat da vida selvagem e das condições das plantas pode ser intensiva em termos de tempo e de mão de obra, mesmo com métodos de levantamento rápidos, e pode aumentar gradualmente a carga de trabalho e as responsabilidades dos gestores no terreno. No entanto, não há substituto para a evidência empírica de mudanças como um meio de validar hipóteses de gestão e formular hipóteses mais precisas. É fundamental enumerar as potenciais actividades de monitorização e dar-lhes prioridade de acordo com as maiores necessidades, tais como assegurar a persistência de espécies vegetais e animais altamente ameaçadas ou testar actividades de gestão incertas que possam ser aplicadas em vastas áreas.

3.4 Implementação da monitorização ecológica a longo prazo em condições de campo

A não ser que sejam executados por uma equipa forte de trabalhadores diversificados e dedicados, os programas de monitorização a longo prazo, como qualquer outro projeto detalhado, resultam na descontinuidade da recolha de dados ou na fossilização dos dados em armários de arquivo. Por conseguinte, é desejável desenvolver um programa de colaboração entre as autoridades de gestão e os ecologistas profissionais e cientistas sociais interessados no programa. Por exemplo, os objectivos seriam desenvolvidos pelos gestores, os cientistas ajudariam a conceber os protocolos de monitorização e a formar os trabalhadores no terreno, os dados seriam registados em folhas de dados normalizadas no terreno pelo pessoal de gestão, os dados poderiam ser transmitidos a instituições de investigação ou a gabinetes no terreno capazes de introduzir bases de dados e análises estatísticas e, finalmente, os gestores podem interpretar os resultados com a ajuda dos cientistas. Estas relações de colaboração a longo prazo podem ser desenvolvidas com as autoridades do departamento florestal estatal, o GUIDE e as instituições locais e regionais para a investigação e monitorização nas áreas protegidas não só de Kachchh ocidental mas também do resto do estado. Em resumo, tal como sugerido por alguns estudos ecológicos piloto, os programas de monitorização serão bem sucedidos se as seguintes directrizes forem seguidas:

- Ter metas e objectivos claros - pensar nas questões ou hipóteses a abordar.
- Planear e voltar a planear.
- Planear as coisas que podem correr mal.
- Assegurar que é efectuada a escalas espaciais e temporais adequadas.
- Monitorizar os fenómenos a longo prazo a intervalos periódicos.
- Não confundir a execução com outros controlos, como o controlo da eficácia e o controlo da validação, que são diferentes do controlo da execução.
- Escolher cuidadosamente as variáveis para garantir que respondem às perguntas definidas.
- Utilizar instrumentos adequados e orientação científica, incluindo estatísticos.
- Assegurar que os resultados da monitorização não são influenciados pelas metas e objectivos de gestão.
- Criar uma estrutura institucional.
- Utilizar os resultados.

3.5 Monitorização à escala da paisagem

3.5.1 Visão geral

A monitorização das alterações do coberto vegetal e do padrão de utilização dos solos ao nível da paisagem é um aspeto importante da monitorização ecológica a longo prazo. Com o advento das mais recentes tecnologias no domínio da teledeteção, é agora possível obter conjuntos de dados precisos sob a forma de imagens de satélite com uma resolução muito elevada, juntamente com capacidades de cartografia SIG que podem ajudar a localizar os mais pequenos objectos na superfície terrestre, com uma dimensão de apenas 1 m. Estes dados de teledeteção, associados à capacidade de cartografia SIG, podem constituir uma base para o acompanhamento de algumas alterações gerais e generalizadas ao longo do tempo.

3.5.2 Seleção de atributos para a monitorização da paisagem

Estudos realizados no estrangeiro revelaram os atributos de um programa fiável de monitorização da paisagem a longo prazo. Os atributos são os seguintes assegurar um financiamento e um compromisso a longo prazo; desenvolver metas flexíveis e aperfeiçoar os objectivos; prestar atenção adequada à gestão da informação; adotar uma abordagem experimental para a conceção da amostragem; obter uma revisão pelos pares e uma revisão estatística das propostas e publicações de investigação; evitar preconceitos na seleção das localizações das parcelas a longo prazo; assegurar uma replicação espacial adequada; assegurar uma replicação temporal adequada; sintetizar estudos retrospectivos, experimentais e relacionados; combinar modelos teóricos e empíricos com os meios para validar ambos; obter uma avaliação periódica do programa de investigação; integrar e sintetizar com programas de investigação, inventário e monitorização de maior e menor escala; e desenvolver um programa de divulgação extensivo.

3.5.3 Métodos de monitorização da paisagem

Nos últimos anos, foram desenvolvidas numerosas técnicas de avaliação da paisagem que podem ser utilizadas para monitorizar as paisagens. Estas técnicas formam um espetro em que os extremos são representados, por um lado, por técnicas baseadas inequivocamente em avaliações subjectivas da qualidade da paisagem por indivíduos ou grupos e, por outro, por técnicas que utilizam atributos físicos da paisagem como substitutos da perceção pessoal. Alguns dos métodos relevantes no contexto de Kachchh ocidental podem ser agrupados em inventários descritivos que compreendem as técnicas de avaliação dos recursos paisagísticos; incluem métodos quantitativos e qualitativos de avaliação das paisagens através da análise e descrição dos seus componentes. Os métodos de inventário descritivo baseiam-se em funções combinatórias (como a adição, a subtração e a multiplicação) para valorizar, comparar e agregar as componentes da paisagem que foram identificadas e medidas por um perito individual ou por uma equipa de peritos. Os métodos de classificação são aqueles que tentam primeiro classificar as unidades de estudo com base na sua semelhança global e, em seguida, classificar ou avaliar os grupos resultantes. Outro grupo que inclui métodos não classificatórios, como os modelos ecológicos, tenta identificar as relações entre componentes seleccionados da paisagem e a qualidade ambiental, utilizando depois essas relações para prever a qualidade da paisagem. As medidas da qualidade da paisagem devem ser sistematicamente relacionadas com as características biofísicas e sociais do ambiente, para que se possam fazer previsões exactas das implicações das alterações ambientais ou das actividades de gestão.

3.6 Monitorização das espécies vegetais e da vegetação

3.6.1 Visão geral

A monitorização das populações de plantas criticamente ameaçadas, das comunidades vegetais e dos parâmetros do habitat permite-nos vigiar a saúde dos ecossistemas. Isto é importante nos casos em que foram feitos investimentos consideráveis em conservação para aumentar a proteção e as actividades de ecodesenvolvimento. Na sequência destas actividades, espera-se que:

- A vegetação e o habitat da vida selvagem em certas zonas recuperariam num prazo estipulado.
- A estrutura da vegetação e a abundância de certas espécies alterar-se-ão nas zonas de intervenção.
- A população de plantas ameaçadas e a utilização do habitat por animais selvagens aumentarão nas zonas de pressão reduzida.
- Haveria uma melhoria geral do estado do habitat da vida selvagem onde as actividades antropogénicas foram minimizadas.

Relativamente ao que precede, podem ser abordadas várias questões ecológicas a longo prazo relacionadas com a monitorização da vegetação e do habitat da vida selvagem, por exemplo, a alteração dos tipos de vegetação, a densidade do dossel, o estado de regeneração, o estado do habitat específico das espécies e a invasão de prosopis e outras ervas daninhas. Além disso, podem ser abordadas várias questões específicas de cada espécie e local em relação a cada atividade antropogénica e alteração do nível de pressão.

3.6.2 Seleção de espécies vegetais e comunidades

Obviamente, nem todas as plantas e condições de vegetação podem ser inventariadas e monitorizadas no terreno ao mesmo nível. Os critérios para a seleção de espécies vegetais para monitorização a uma escala mais fina devem incluir o seu endemismo, raridade, estado de ameaça, qualidade invasora, valor económico, vulnerabilidade à remoção ilícita ou exploração comercial, ou importância para a vida selvagem. As comunidades vegetais sensíveis a várias pressões bióticas, peregrinas e antropogénicas, bem como as que recuperam do desmame de várias pressões resultantes do ecodesenvolvimento e das actividades de Gestão Florestal Conjunta (GFC), devem também ser incluídas na monitorização. Além disso, pode ser dada especial atenção aos habitats afectados por perturbações crónicas decorrentes de actividades mineiras, incêndios, pastoreio de gado, erosão dos solos, invasão de prosopis e proliferação de ervas daninhas. As espécies recomendadas para a monitorização a longo prazo das áreas protegidas, reservadas e outras zonas de biodiversidade são as seguintes

Árvores	*Salvadora pérsica, S. oleoides,Acacia Senegal, A. nilotica, Prosopis cineraria, Commiphora wightii*
Arbustos	*Capparis decidua, Grewia tenex, G. villosa, Zizyphus nimmularia,Cordia perrottetii*
Trepadores	*Citrullus colocythis, Cucumis propheretum, Rivea hypocrateriformis,Tinospora cordifolia*
Ervas	*Amaranthus spinosus, Catharanthus roseus, Eclipta rostrate, Heliotropium bacciferum, Ocimum sanctum, Sida cordata*
Gramíneas	*Bothriochloa sp. Cenchrus spp., Cymbopogon spp., Dactyloctenium aegypticum, Eleusine compressa, Sporobolus spp.*

3.6.3 Métodos de monitorização da vegetação

Os métodos de monitorização da vegetação podem ser encontrados em vários manuais e métodos publicados existentes. É necessário definir objectivos específicos para a monitorização da vegetação. As características da vegetação a monitorizar devem provavelmente estar ligadas a, ou decorrer de, hipóteses de gestão sobre os efeitos esperados das actividades de gestão concebidas para proporcionar biodiversidade ao longo do tempo. As parcelas de preservação oferecem oportunidades únicas e valiosas para atuar como linhas de base para a monitorização de alterações em ambientes adjacentes ou semelhantes alterados por actividades de gestão.

As parcelas de preservação devem ser identificadas de forma a representar toda a gama de vegetação e condições edáficas, incluindo tipos de vegetação e suas variantes. Um conjunto de parcelas de preservação representativas pode também servir como exemplos e objectivos valiosos para as actividades de restauro, e como meio de avaliar o grau em que as florestas geridas podem efetivamente fornecer vários elementos da biodiversidade nativa. Por exemplo, ao relocalizar aldeias de uma área protegida, a hipótese de gestão poderia afirmar que a relocalização, com condições de pousio subsequentes, resultaria no recrescimento da vegetação nativa, principalmente gramíneas e arbustos nativos a curto prazo. Para testar esta hipótese, a cobertura vegetal e as espécies de plantas podem ser registadas em parcelas fixas e rapidamente monitorizadas ao longo do tempo, por exemplo, uma vez de dois em dois anos durante 5-10 anos após a relocalização. Posteriormente, a monitorização de 5 em 5 anos pode ajudar a revelar tendências a longo prazo de substituição de espécies (por exemplo, gramíneas perenes nativas substituindo gramíneas anuais). Além disso, pontos fotográficos fixos revelariam provavelmente mudanças notáveis no aspeto visual da cobertura vegetal ao longo do tempo.

3.7 Acompanhamento socioeconómico

3.7.1 Visão geral

Estão a ser desenvolvidas em diferentes áreas várias actividades destinadas ao reforço das instituições, ao aumento das oportunidades de emprego fora das explorações agrícolas, à conservação da energia e ao aumento da regeneração da biomassa, estando a ser investidos recursos substanciais. Por isso, é vital ter uma monitorização socioeconómica para avaliar se os processos e os vários pacotes estão a ser implementados na direção certa e se estão a ser eficazes. Um programa de monitorização deve começar por documentar as condições iniciais ou de base das áreas naturais, as paisagens adjacentes alteradas pelo homem e as realidades socioeconómicas da área protegida e das zonas de biodiversidade. Os protocolos devem incluir variáveis que forneçam informações de base sobre as pressões bióticas e antropogénicas, informações sobre a dependência de recursos e até que ponto a GFJ ou as actividades de ecodesenvolvimento conseguiram reduzir as pressões e melhorar os meios de subsistência locais. Tendo em conta os vários níveis de objectivos, resultados e actividades de ecodesenvolvimento, é necessário monitorizar as seguintes questões

- Dependência de recursos ou de necessidades básicas da população local.
- Dependência económica ou dos meios de subsistência da população local.
- Capacidade das partes interessadas.
- Sensibilização das comunidades locais para a conservação.
- Eficácia dos regimes alternativos de geração de rendimentos.
- Pontos fortes e fracos das instituições dos Comités Florestais de Aldeia (VFC).
- Estabilidade financeira do fundo de maneio.

3.7.2 Métodos de monitorização socioeconómica

A monitorização da remoção de biomassa pelos carregadores e pelo gado em pastoreio pode ser feita ao longo dos trilhos de amostragem e nos limites das aldeias. Os trilhos de amostragem podem ser identificados com base em: (1) trilhos com grande afluxo de carregadores e rebanhos de gado; (2) trilhos que penetram profundamente na área florestal; ou, (3) trilhos com danos extensos ao habitat. A monitorização também pode ocorrer em grandes áreas, em vez de se concentrar nos trilhos. Em áreas seleccionadas, poderiam ser utilizados transectos de cintura para medir a pressão do uso humano através de: (1) proporção de madeira cortada *vs.* não cortada; (2) altura e diâmetro do corte; (3) evidência de estrume de gado *vs.* estrume/pastilha/gato de animais selvagens; (4) proporção de espécies infestantes *vs.* não infestantes; ou, (5) solo coberto *vs.* solo nu. Sugere-se a realização de inquéritos porta a porta aos agregados familiares, juntamente com a avaliação rural participativa (incluindo a cartografia participativa dos recursos naturais) e a discussão em grupo para todas as aldeias situadas nas zonas-tampão das áreas protegidas e das zonas de biodiversidade, a fim de acompanhar o afluxo de população, especialmente no caso de mão de obra industrial, o pastoreio livre *ou a* alimentação do gado em estábulos, e o tipo de combustível e de dispositivo de cozedura utilizado por cada agregado familiar.

3.8 Investigação

3.8.1 Papel da investigação: No contexto local e regional

O nosso conhecimento da forma como os vários recursos florestais e as necessidades humanas interagem não é perfeito e pode ser mais bem informado através de uma seleção correcta dos estudos de investigação. Continua a ser realizada muita investigação de base numa vasta gama de tópicos de biodiversidade e ecologia. Em particular, os tópicos de investigação prioritários listados incluem ecossistema e região, espécies, técnicas e metodologias, e necessidades e envolvimento das pessoas. Os estudos integrados que incorporam abordagens de planeamento de definição e teste são mais úteis para apoiar a gestão florestal integrada em terras florestais geridas. A maioria dos inventários e estudos de monitorização em florestas geridas centrou-se nas florestas como entidades comerciais e não como ecossistemas. Continuam a existir muitas questões básicas sobre a resposta da estrutura da vegetação, da composição florística, dos conjuntos faunísticos, das guildas de espécies, das espécies indicadoras e fundamentais e de outros aspectos das comunidades ecológicas às actividades de gestão florestal integrada.

Em comparação com outros grupos taxonómicos, existe pouca informação disponível sobre os peixes e anfíbios nativos da região. Poucos estudos sobre ecologia, taxonomia, relações com o habitat e efeitos das condições florestais geridas sobre os anfíbios parecem estar prontamente disponíveis e são escassos. Os anfíbios podem desempenhar um papel ecológico fundamental, constituindo a maior parte da biomassa florestal terrestre e controlando o fluxo de energia através das cadeias alimentares; e os peixes são quase únicos no transporte de nutrientes longitudinalmente pelos rios e ribeiros, longe das suas fontes, aumentando o ciclo de nutrientes nas zonas ribeirinhas. O presente projeto não abordou especificamente os peixes, mas, eventualmente, uma estratégia de conservação da vida selvagem deverá considerar também os peixes e outros componentes aquáticos.

3.8.2 Tópicos de investigação para estudos de investigação ecológica a longo prazo sobre as relações ecológicas das espécies com o seu ambiente na região ocidental de Kachchh

Segue-se um esboço de alguns temas básicos de investigação que podem exigir mais trabalho para apoiar a gestão integrada das florestas. O objetivo desta categoria de estudos é determinar quais as espécies com funções ecológicas chave que mais afectam a produtividade, a sustentabilidade e a diversidade das comunidades ecológicas e dos ecossistemas em que residem. Alguns dos estudos-chave podem incidir sobre

3.8.2.1 Identificar as espécies-chave ecológicas

Trata-se de espécies cuja remoção ou declínio afectaria grandemente a presença de mais do que uma outra espécie e, consequentemente, a diversidade do ecossistema. Embora alguns autores tenham criticado a utilização do conceito de pedra-chave, a caraterização das funções ecológicas básicas das espécies tem mérito e utilidade quando os objectivos são claramente definidos. A identificação de espécies-chave funcionais fornece informações básicas sobre as espécies que podem justificar estudos autoecológicos e populacionais mais aprofundados. Um exemplo são as aves frugívoras que provavelmente desempenham papéis-chave na polinização ou dispersão de sementes e propágulos de plantas numa área florestal. A sua remoção pode resultar no declínio ou perda de algumas das árvores de fruto e de outras espécies vegetais ou animais associadas a essas árvores.

3.8.2.2 Identificar associações fortemente facultativas ou obrigatórias entre espécies

O objetivo aqui é reconhecer que algumas espécies estão intimamente co-evoluídas com outras espécies, quer fisiológica quer comportamentalmente, e que o destino de uma espécie depende da satisfação das necessidades da outra espécie. Alguns exemplos de associações facultativas incluem relações alimentares entre duas espécies; exemplos de associações obrigatórias incluem aves que nidificam em cavidades secundárias ou répteis ou mamíferos que utilizam tocas secundárias e que dependem do agente da espécie primária para criar as cavidades ou tocas.

3.8.2.3 Identificar os principais agentes nos principais ciclos de nutrientes e cadeias energéticas e estimar as taxas

Isto implica a elaboração de uma lista dos principais ciclos de nutrientes presentes nas florestas geridas (por exemplo, carbono, azoto); a identificação das principais espécies responsáveis por cada elo do ciclo; e a estimativa das taxas de fluxo de nutrientes ou de energia através do sistema. Deve ser dada prioridade aos ciclos de nutrientes e às vias de fluxo de energia que mais influenciam a produtividade e, por conseguinte, a sustentabilidade dos produtos comerciais lenhosos e não lenhosos. Um exemplo é a manutenção da produtividade do solo em florestas geridas, especialmente para, por exemplo, arbustos frutíferos de importância para as populações locais. Um dos principais ciclos de nutrientes que afectam a produtividade do solo a longo prazo é o ciclo do azoto. No solo, o azoto é mobilizado por processos de microfungos do solo (incluindo micorrizas), bactérias do solo e outros organismos.

Algumas plantas vasculares funcionam como fixadoras de azoto. Várias espécies de animais selvagens que escavam ou escavam o solo podem ajudar a revolvê-lo e contribuir para o seu arejamento e, consequentemente, para a atualização da matéria orgânica. O transporte, a redistribuição e a deposição de azoto através das fezes e dos excrementos são assegurados por muitas espécies animais. Assim, uma das facetas da produtividade do solo a longo prazo nas florestas geridas deve ser a garantia da persistência das espécies associadas aos principais ciclos e funções de transferência de nutrientes.

3.8.2.4 Identificar outros processos ecológicos chave, incluindo eventos e regimes de perturbação natural que influenciam a produtividade do ecossistema e estimar as taxas desses processos

As condições de habitat para espécies e comunidades são influenciadas por alterações sistemáticas naturais, como a sucessão, e por perturbações mais agudas, como o fogo e a seca. Compreender este "modelo biofísico" de fundo dos regimes de perturbação e a forma como influenciam as condições potenciais da vegetação em florestas geridas é um importante tópico de investigação que necessita de ser estudado. O fogo desempenhou, sem dúvida, um papel natural na renovação dos nutrientes dos solos (muitas vezes finos), reiniciando a sucessão através da abertura das copas das árvores, fornecendo madeira morta para os animais que nidificam em cavidades e se alimentam da casca das árvores, e preparando o terreno para uma subsequente vaga de forragem para os grandes ungulados. É provável que os incêndios provocados pelo homem tenham agravado alguns destes efeitos e também precisam de ser compreendidos, em termos da sua localização, frequência, intensidade, duração e efeito na composição, estrutura e flora da vegetação. Eventualmente, essas informações poderiam ser compiladas num atlas de incêndios passados e num mapa que mostrasse o risco potencial de incêndio. Esta informação forneceria uma base para a construção de modelos simples de perturbação da vegetação e de trajectos de sucessão. Estes modelos são essenciais para prever os efeitos de outras actividades de perturbação (ou de não intervenção), tais como os efeitos esperados do fogo controlado, do fogo selvagem e do fogo de fuga.

3.8.2.5 Realizar investigação sobre produtos florestais não lenhosos

A estimativa das taxas de extração de produtos florestais não lenhosos pelo homem pode ser utilizada em conjunto com os outros tópicos de investigação acima enumerados, para fornecer uma base para modelar quantitativamente níveis sustentáveis de utilização dos recursos. São particularmente necessárias as seguintes informações sobre os principais produtos florestais não lenhosos:

- Inventário da presença, abundância, distribuição e localização.
- Métodos de extração utilizados pelas populações locais e nas concessões.
- Taxas de extração, através de entrevistas ou do acompanhamento das licenças de concessão.
- Estimativa das taxas de produção na natureza.

REFERÊNCIAS

Anon (2005). Climate Change Adaptation in Gujarat, India. Resumo do relatório sobre adaptação às alterações climáticas a nível comunitário e questões políticas, preparado pela Escola de Pós-Graduação em Estudos Ambientais Globais da Universidade de Quioto.

Anon (2006). Socio-economic Review, Gujarat State (2005-06). Direção de Economia e Estatística, Governo de Gujarat, Gandhinnager. pp 94 e 126.

Anon (2009). Distrito de Kachchh. Wikipedia - A Enciclopédia Livre.

Ayar H, Patel P, Patel R e Kumar A (2009). Contribuição da Prosopis juliflora para a economia da aldeia de Mindhyari em Kachchh Ocidental, Gujarat. In: Actas do Simpósio Nacional sobre Prosopis: Ecological, Economic Significance and Management Challenges. 20-21 de fevereiro de 2009. Instituto de Ecologia do Deserto de Gujarat, Bhuj. Pp 54-59.

Bhandari MM (1990). Flora of the Indian Desert. MPS Repros, Jodhpur.

Bhatt JB (1993). Estudos sobre a flora de Kachchh Ocidental. Tese de doutoramento, Universidade M. S., Vadodara.

Blatter SJ e McCann C (1934). The Bombay Grasses. Bishen Singh Mahendra pal Singh, Dehradun.

Cingolani AM, Noy-Meir I e Diaz S (2005). Efeitos do pastoreio na diversidade das pastagens: Uma síntese de modelos contemporâneos. Aplicações Ecológicas, 15: 757-773.

District Census Handbook, Kachchh, Censo da Índia (1961). Diretor da Operação de Recenseamento, Gujarat.

District Census Handbook, Kachchh, Censo da Índia (1971). Diretor da Operação de Recenseamento, Gujarat.

District Census Handbook, Kachchh, Censo da Índia (1981). Diretor da Operação de Recenseamento, Gujarat.

District Census Handbook, Kachchh, Censo da Índia (1991). Diretor da Operação de Recenseamento, Gujarat.

Recenseamento distrital do efetivo pecuário (1992). Kachchh, Divisão de Estatística, Governo da Índia.

DSO (2007). Manual de Estatística do Distrito de Kachchh (2007-08). Secção de Estatística de Kachchh District Panchayat, Kachchh, Bhuj. 166 pp.

DSO (2009). Manual de Estatística do Distrito de Kachchh (2007-08). Secção de Estatística de Kachchh District Panchayat, Kachchh, Bhuj. 166 pp.

Fyles FW, Fyles IH e Bell, MAM. (1985). Vegetação e desenvolvimento do solo em resíduos de minas de carvão a grande altitude nas Montanhas Rochosas canadianas. Journal of Applied ecology. 22: 239- 248

Jogo MJ. Carrel E. e Hotrabhavanda, T. (1982). Dinâmica da sucessão de plantas em minas de carvão abandonadas à superfície: A case history Approach. Journal of Applied Ecology. 70: 707-720

GEC (1994). Situação ecológica atual de Kachchh. Comissão de Ecologia de Gujarat, Vadodara.

GEC (1995). Situação ecológica atual de Kachchh.

GEC (1997). Ecological restoration of mining sites of GMDC; Report I - Panandhro Lignite Mines. Apresentado à Gujarat Mineral Development Corporation.

GEC (1998). Processo de Dessertificação nos Distritos de Kachchh e Banaskantha de Gujarat, Índia.

GEC (1999). Contabilidade ambiental e económica integrada: The Case of Gujarat.

GEER (1998). Avaliação do impacto ambiental do projeto Sardar Sarovar no santuário de aves de Nal Sarovar. Fundação de Educação e Investigação Ecológica de Gujarat, Gujarat, Índia.

GEER e GUIDE (2001). Estado ecológico de Narayan Sarovar Wildlife Scanturay com uma perspetiva de gestão. Relatório final. Fundação de Educação e Investigação Ecológica de Gujarat (GEER), Gandhinagar e Instituto de Ecologia do Deserto de Gujarat (GUIDE), Bhuj. 196 Pp.

GEER e GUIDE, (1998). An ecological overview of Narayan Sarovar Sanctuary and adjoining de-notified areas. Gujarat Institute of Desert Ecology, Bhuj e Gujarat Ecological Education and Research Foundation, Gandhinagar. 61 pp.

GES, MSU e GUIDE. (2002). Conservation of rare and endangered biodiversity of Gujarat (Conservação da biodiversidade rara e ameaçada de Gujarat). Relatório final do projeto apresentado à Comissão de Ecologia de Gujarat, Vadodara. 428 pp.

IUCN (2000). 2000 IUCN: Lista Vermelha de Espécies Ameaçadas. Comissão para a Sobrevivência das

Espécies (SSC), IUCN, Gland, Suíça.

Jaccard P (1912). A distribuição da flora na zona alpina. New Phytology. 11: 37-50.

Joshi PN (2002). Study of Ethno-botanical angiosperms of Bhuj and Mandavi talukas of Kachchh, Gujarat. Tese de doutoramento, Universidade de Bhavnagar, Bhavnagar.

Krebs CJ (1999). Ecological Methodology. Addison Wesley Longman, Menlo Park, Califórnia.

Kumar A, Marcot BG e Saxena A (2006). Diversidade de espécies de árvores e padrões de distribuição em florestas tropicais de Garo hills. Current Science, Vol. 91 (10): 1370-1381.

Kumar A, Joshi PN, Patel PM, Worah DK, Sanghvi J e Pardeshi M (2008). Landscape Scale Assessment of Landuse and Landcover for Conservation Planning of Natural Resources in Sanghipuram and adjoining villages (Avaliação à escala da paisagem da utilização e cobertura do solo para o planeamento da conservação dos recursos naturais em Sanghipuram e aldeias adjacentes). Publicado pelo Instituto de Ecologia do Deserto de Gujarat, Bhuj.

Magurran AE (1988) Ecological Diversity and its measurement. Chapman and Hall. Londres: 168 pp.

Misra R (1968). Ecology Work Book, Oxford e TBH Publication Co. Calcutá. 244 pp.

Mueller-Dombios H e Ellenberg; (1974). Objectivos e métodos da ecologia da vegetação. John Wiley and Sons, Nova Iorque. 547 pp.

Nayar MP e Sastry ARK (eds.) (1990). Red Data Book of Indian Plants. Vol. 3. B.S.I., Howrah

Pallin CT (1880). Uma lista de plantas de Kutch. Bombay Gazetteer, 5

Raunkiaer C (1934). The life forms of plants and statistical plant geography: being the collected papers of C. Raunkiaer. Clarendon press, Oxford, Inglaterra.

Shah GL (1978). Flora of Gujarat State. Imprensa universitária, Universidade Sardar Patel. Vallabh Vidyanagar.

WCMC (1994). Relatório da situação em 24 de novembro de 1994, Gujarat, impresso a partir da base de dados de plantas BG-BASE. Centro Mundial de Monitorização da Conservação.

Anexo 1.1: Lista de espécies vegetais

S. Não.	Espécies de plantas	Nome local	Hábito
	Acantáceas		
1	*Barleria acanthoides* Vahl	Kandhari, Kasedo	Ervas
2	*Barleria prionitis* L. var. prionitis	Kanta Aserio	Ervas
3	*Blepharis linariaefolia* Pers.	Kandhero Gokharu,	Ervas
4	*Blepharis maderaspatensis* (L.) Roth	Uti Gan, Vado Kandho	Ervas
5	*Blepharis repens* (Vahl) Roth	Nadho Chopad kandho,	Ervas
6	*Blepharis sindica* T. Anders.	Kandhero Gokharu	Ervas
7	*Dipteracanthuspatulus* (Jacq.) Nees	-	Ervas
8	*Dipteracanthus prostratus* Hassk.	-	Ervas
9	*Ipomoea batatas* (L.) Lam.	Shakkariyu	Ervas
10	*Justicia genderussa* Burm. f.	Tui, Que, Tue	Ervas
11	*Justicia procumbens* L.	Kari Andhedi	Ervas
12	*Justicia simplex* Don	Kari Andhedi	Ervas
13	*Lepidagathis trinervis* Wall.	Tran Kantho, Tran Ga	Ervas
14	*Peristrophe bicalyculata* (Retz.) Nees	Lasi Adhedi, Kari Adhedi	Ervas
	Aizoaceae		
15	*Corbichonia decumbens* (Forsk.) Jack. ex Exell	-	Ervas
16	*Trianthema triquetra* Rottl. & Willd.	Satodi	Ervas
	Amaranthaceae		
17	*Achyranthes aspera* L. var. *argentea* Hook. f.	Agado, Kandhero	Ervas
18	*Achyranthes aspera* L. var. *porphyristachya* Hk. f.	Vado Andhado	Ervas
19	*Aerva lanata* (L.) Juss.	Sani Buu, Gorkhadi	arbusto
20	*Aerva persica* (Burm.f.) Merrill	Bou, Bour	arbusto
21	*Aerva pseudotomentosa* Blatt. & Hallb.	Sane Panjo Bur, Bur	Ervas
22	*Alternanthera sessilis* (L.) DC.	Jarro Bhaji, Jarro Bhangaro	Ervas
23	*Amaranthus spinosus* L.	Jangali tandaljo	Ervas
24	*Amaranthus viridis* L.	Adbau Rajgaro, Rajgaro	Ervas
25	*Celosia argentea* L.	Lampadi	Ervas
26	*Dicoma tomentosa* Cass	Ashi Kandheri	Ervas
27	*Digera muricata* (L.) Mart.	Lolar	Ervas
28	*Gomphrena globosa* L.	-	Ervas
29	*Pupalia lappacea* (L.) Juss.	Gadar Bhurat	arbusto
	Anacardiaceae		

30	*Rhus mysurensis* Heyne ex W. & A.	Dasarni, Dasan	Árvore
	Apocináceas		
31	*Catharanthus roseus* (L.) G. Don	Asi Sada Suvagan	Ervas
	Aristolochiaceae		
32	*Aristolochia bracteolata* Lamk.	Kida Mari	Ervas
	Asclepiadáceas		
33	*Calotropis procera* (Ait.) R. Br.	Akado,Aak	Arbusto
34	*Ceropegia bulbosa* Roxb.	-	Alpinista
35	*Leptadenia pyrotechnica* (Forsk.) Decne.	Khip	arbusto
36	*Oxystelma secamone (O.esculentum) Linn.*	jal- dudhi	Alpinista
37	*Pentatropis capensis* (L. f.) Bullock	Dhodhiyal, Dhodheji Val	Alpinista
38	*Pentatropis spiralis* (Forsk.) Decne	Dhodhiyal, Dhodheji Val	Alpinista
39	*Pergularia daemia* (Forsk.) Chiov.	Dudhariyal, Dudhar Val	Alpinista
40	*Sarcostemma acidum* (Roxb.) Voigt	Chhirval, Chirval	Arbusto
41	*Calotropisgigantea* (L.) R. Br.	Vado Akad, Dholo Akad	Arbusto
	Asteraceae		
42	*Blainvillea acmella* (L.) Philip.	Aso Bhangaro,	Ervas
43	*Blumea bovei* (DC.)Vatke	-	Ervas
44	*Eclipta prostrata* (L.) L. Mant.	Bhangaro,Kakrodha	Ervas
45	*Helicrysum cutchicum* (C.B.Cl.) Rolla Rao et Des.	Dholu Fuladu	Ervas
46	*Launaea procumbens* (Roxb.) Ram. & Raj.	Vadi Gurval, Vadi Gemar	Ervas
47	*Launaea resedifolia* (L.) Druce	Dhariyai Gurval	Ervas
48	*Oligochaeta ramosa* (Roxb.) Wagenitz	Kandhari, Nandhi Uth Kandhari, Nilikandhari	Ervas
49	*Pluchea arguta* Boiss.	-	Ervas
50	*Pulicaria angustifola* DC.	-	Ervas
51	*Pulicaria wightiana* (DC.) Cl.	Filho Fuladi	Ervas
52	*Sonchus asper* Hill.	-	Ervas
53	*Spergula fallax* (Lowe) Krause	Vekar	Ervas
54	*Sphaeranthus senegalensis* DC.	Gorakhval	Ervas
55	*Tridax procumbensi* L.	Vilayati Bhangro	Ervas
56	*Vernonia cinerascens* Sch.-Bip.	Tatadio, Tatalio, Gandhi Ghenradi	arbusto
57	*Xanthium strumarium* L.	Kantaru Zadvu, Gokhru	Ervas
	Aizoaceae		
58	*Trianthema portulacastrum* L.	Satodo	Ervas
	Balanitaceae		

59	*Balanites aegyptiaca (L.) Del.*	Hingor, Hingod	Árvore
	Bombacaceae		
60	*Bombax malabaricum* DC.	Rato Shamaro	Árvore
	Boragináceas		
61	*Arnebia hispidissima* DC.	-	Ervas
62	*Coldenia procumbens* L.	Ukharad	Ervas
63	*Heliotropium bacciferum* Forsk. var. *bacciferum*	-	Ervas
64	*Heliotropium bacciferum* Forsk. var. *suberosum* (Clarke) Bhandari	-	Ervas
65	*Heliotropium curassavicum* L.	-	Ervas
66	*Heliotropium indicum* L.	Agio Kharsan, Morandhi, Muradhi	Ervas
67	*Heliotropium marifolium* Koen.ex Retz. var. *marifolium*	Dungario Agio, Zinko Okharad	Ervas
68	*Heliotropium ovalifolium* Forsk.	Ogiar	Ervas
69	*Heliotropium rariflorum* Acções	Jakhau	Ervas
70	*Heliotropium strigosum* Willd.	-	Ervas
71	*Heliotropium subulatum* Hochst.	Piro Kharsan	Ervas
72	*Heliotropium supinum* L.	Ghedio Kharsan	Ervas
73	*Trichodesma amplexicaule* Roth	Undh Fuli	Ervas
	Brassicaceae		
74	*Farsetia hamiltonii* Royle	Sedha Asario, Adbau Rai	Ervas
	Burseraceae		
75	*Commiphora wightii* (Arn.) Bhandari	Gugar, Gugariya, Gugar Jo Zadvo	Árvore
	Cactáceas		
76	*Opuntia elatior Mill.*	Nag Phan	Ervas
	Caesalpiniaceae		
77	*Bauhinia racemosa* Lam.	Zinj, Zanj, Zinji	Árvore
78	*Cassia pumilla* Lam.	Rato Chon, Choniyo, Nidhechor, Khad	Ervas
79	*Cassia tora* L.	Punvar, Povario, Dadhar Jo Zad	Ervas
80	*Tamarindus indica* L.	Ambali Jo Zad, Ambali, Emali	Árvore
81	*Cassia auriculataL.*	Avar	Arbusto
	Capparáceas		
82	*Cadaba fruticosa* (L.) Flem.	Karo Pijaro	arbusto
83	*Capparis cartilagínea* Decne.	Kawari, Karpatrai, Karpatirai, Parvati Rai	arbusto

84	*Capparis decidua* (Forsk.) Edgew.	Kerado, Dora Kera, Kar Jo Zad	arbusto
85	*Capparis grandis* L. f.	Dumaro, Dumar Jo Zad	Árvore
86	*Cleome gynandra* L. var. *gynandra*	Bidhro, Asso Bidharo, Vado bidharo	Ervas
87	*Cleome vahliana* Fresen.	-	Ervas
88	*Cleome viscosa* L.	Beddhro, Prlobidhro, Badhod	Ervas
89	*Crateva nurvala* Buch-Ham. *var. nurvala*	Tarapan, Tripan Jo Zad	Árvore
90	*Maerua oblongifolia* (Foeak.) A. Rich.	Pinjolo, Accho Pinjolo, Gharo Pinjoro, Acchi Katkiaul, Miriaul	arbusto
	Chenopodiaceae		
91	*Atriplex hortensis* L.	Palakh Ni Bhaji	Ervas
92	*Chenopodium album* L.	Chir, Chir Ji Bhaji	Ervas
93	*Suaeda fruticosa* (L.) Forsk. ex Gmel.	Khario Luno, Lano, Luno	arbusto
	Commelinaceae		
94	*Commelina benghalensis* L.	Irmã Muriyu	Ervas
95	*Commelina diffusa* Burm. f.	-	Ervas
	Convolvuláceas		
96	*Arygyreia nervosa* (Burm.f.) Boj.	Samandharsos Ji Val, Vardharo	Alpinista
97	*Convolvulus arvensis* L.	Neri Val, Neri	Ervas
98	*Convolvulus auricomus* (A. Rich.) Bhandari *var. auricomus*	Rushad Neri Val	Ervas
99	*Convolvulus microphyllus* (Roth) Sieb. ex Spr.	Mankhani, Makhan Val, Ashi/ Bethi Sankh Val	Ervas
100	*Convolvulus stocksii* Boiss.	-	Ervas
101	*Cressa cretica* L.	Oin, Bukan, Gun, Lun, Un Bakano	Ervas
102	*Evolvulus alsinoides* (L.) L. var. *alsinoides*	Kari Sankhval, Sani Buti, Kari Buti	Ervas
103	*Ipomoea aquatica* Forsk.	Nari Val, Pani Ji Val	Ervas
104	*Convolvulus auricomus* (A. Rich.) Bhandari *var. auricomus*	Rushad Neri Val	Alpinista
105	*Ipomoea kotschyana* Hoc. ex Choisey	Bhoyan Fotiyargi Val	Ervas
106	*Ipomoea nil* (L.) Roth	Trikhuni Potiyar, Kari Potiyar	Alpinista
107	*Ipomoea obscura* (L.) Ker- Gawl	Gumadiyar, Satari Val, Gumdiyal	Alpinista
108	*Ipomoea pes-caprae* (L.) Sw.	Dhariya Val, Ravar patri	Ervas
109	*Ipomoea pes-tigridis* L.	Fotiyal, Fotiyar	Alpinista
110	*Merremia aegyptia* (L.) Urb.	Fisuaal Val, Panjapani Potiyal	Alpinista

111	*Merremia emarginata* (brum.f.) Hall. f.	Undarkani	Alpinista
112	*Merremia tridentata* (L.) Hall. f. *subsp. tridentata*	Topriyal, Topraval, Jamar Val	Alpinista
113	*Rivea hypocrateriformis* Choisy	Fang val	Alpinista
114	*Seddera latifolia* Hochst. & Steud.	-	arbusto
	Cucurbitáceas		
115	*Citrullus colocynthis* (L.) Soland.	Truja Val, Tru Val, Tru Deda	Alpinista
116	*Citrullus fistulosus* Acções	Karengla	Alpinista
117	*Coccinia grandis* (L.) Voigt	Tindora, Ghiloda	Alpinista
118	*Corallocarpus conocarpus* (D. & G.) Cl.	Navi Val	Alpinista
119	*Corallocarpus epigaeus* (Rottl. & Willd.) Cl.	Navi Val, Naigi Val, Ajapad	Alpinista
120	*Ctenolepis cerasiformis* (Stocks) Hk. f.	Dod Val, Aankh Futamna	Alpinista
121	*Cucumis callosus* (Rottl.) Cogn.	Kotimbda vel, Nindhatru, Kotimbiyal	Alpinista
122	*Cucumis prophetarum* L.	Indriyal, Kandhari Indriyan	Alpinista
123	*Dactyliandra welwitschii* Hk. f.	Dod Val, Aankh Futamna	Alpinista
124	*Luffa acutangula* (L.) Roxb. *var. acutangula*	Adbau Gisodi, Vad Gisodi	Alpinista
125	*Mukia maderespatensis* (L.) M. Roem.	Ankhfutmani	Alpinista
	Cuscutáceas		
126	*Cuscuta hyalina* Roth	Sani Piri Val	Alpinista
127	*Cuscuta reflexa* Roxb.	Makani, Makaniyal, Makan Val	Alpinista
	Cyperaceae		
128	*Cyperus alopecuroides* Rottb.	-	Sebe
129	*Cyperus bulbosus* Vahl	-	Sebe
130	*Cyperus compressus* L.	-	Sebe
131	*Cyperus difformis* L.	Chiyo	Sebe
132	*Cyperus haspan* L.	Chiyo, traça Nidan	Sebe
133	*Cyperus iria* L. *var. iria*	-	Sebe
134	*Cyperus rotundus* L. subsp. *rotundus*	Kaluro, Mutha, Moth	Sebe
135	*Cyperus triceps* (Rottb.) Endl.	-	Sebe
136	*Fimbristylis miliacea* (L.) Vahl	-	Sebe
137	*Scirpus affinis* Roth.	-	Sebe
	Ehretiaceae		
138	*Cordia perrottetii* Wt.	Adbau Gundi, Jangli Gundi	arbusto
	Elatinaceae		
139	*Bergia ammannioides* Roxb. ex Roth	Jal Ukharad	Ervas
140	*Bergia capensis* L.	Rapatri	Ervas
141	*Bergia suffruticosa* (Del.) Fenzl	Jal jambu	Ervas

	Ephedraceae		
142	Ephedra foliata Boiss. & Kotschy ex Boiss.	Andhoi Khip	Arbusto
	Euphorbiaceae		
143	*Acalypha indica* L.	Dadar Jo Zad	Ervas
144	*Dalechampia scandens* L. *var. cordofana*	Char Val, Khaj Val	Alpinista
145	*Euphorbia caducifolia* Hains.	Thor	Arbusto
146	*Euphorbia heterophylla* L.	Lal Pati	Ervas
147	*Euphorbia hirta* L.	Vadi Dudheli	Ervas
148	*Euphorbia milli* Ch.	-	Ervas
149	*Phyllanthus fraternus* Webst.	Pat Amari, Amari	Ervas
150	*Phyllanthus maderaspatensis* L.	Amário	Ervas
151	*Securinega leucopyrus* (Willd.) Muell.-Arg.	Shini	Arbusto
152	*Securinega virosa* (Roxb. ex Willd.) Pax & Hoffm	Shini	Arbusto
	Fabáceas		
153	*Abrus precatorius* L.	Chanothi Ji Val	Alpinista
154	*Alysicarpus longifolius* (Rottl. ex Spr.) W. & A.	Vado Sanervo	Ervas
155	*Alysicarpus monilifer* (L.) DC. var. *monilifer*	-	Ervas
156	*Arachis hypogaea* L.	Mung Fali	Ervas
157	*Butea monosperma* (Lam.) Taub.	Kesudijo Zad, Khkhar, Khakharo	Árvore
158	*Clitora ternatea* L.	Gaeni, Kari Koagi Val	Alpinista
159	*Crotalaria burhia* Buch-Ham. ex Bth	Khirasan, Khadasan, Sangiro, Achhi Khadasan	arbusto
160	*Crotalaria evolvuloides* Wt. ex W.& A.	Val Fatakdi	Ervas
161	*Derris indica* (Lam.) Bennet	Karanj Jo Zad	Árvore
162	*Desmodium dichotomum* (Klein ex Willd.) DC	Trapani Samervo	Ervas
163	*Goniogyna hirta* (Willd.) Ali	Undarkani	Ervas
164	*Indigofera caerulea* Roxb. *var. monosperma* (Sant.) Sant.	Rangagi Gari	Ervas
165	*Indigofera cordifolia* Heyne ex Willd.	Gadar Gari, Ridha Gari	Ervas
166	*Indigofera linifolia* Retz. var. *linifolia*	Sani Gari	Ervas
167	*Indigofera linnaei* Ali.	Pat Gari, Bhoyan Gari	Ervas
168	*Indigofera tinctoria* L.	Nili Gari, Gudi, Gari Jo Zad	Arbusto
169	*Rhynchosia minima* (L.) DC. *var. minima*	Mogariyal, Sanari, Mungarial	Alpinista
170	*Sesbania sesban* (L.) Meer. subsp. *sesban* var. *sesban*	Ekad	Arbusto
171	*Taverniera cuneifolia* (Roth) Arn.	Jathi madh	Ervas
172	*Tephrosia falciformis* Ramaswami	Sarpankho	arbusto
173	*Tephrosia purpurea* (L.) Pers.	Sarpankho, Vado	Ervas

		Sarpankho, Bikanjo Zad	
174	*Tephrosia strigosa* (Dalz.) Sant& Mahesh	Sani Sarpankhi, Asmani Sarpankho, Sanero Sarpankho	Ervas
175	*Tephrosia uniflora* Pers. subsp. *petrosa*	Sarpankhi	Ervas
176	*Tephrosia villosa* (L.) Pers.	Rushad Sirpankho, Kinojo Zad	Ervas
	Gentianaceae		
177	*Enicostema axillare* (Lamk.) Roynal	MameCho, Mamej, Kadvi Bhaji	Ervas
	Hydrocharitaceae		
178	*Hydrilla verticillata* (L. f.) Royle	Paniji Sevar	Ervas
	Lamiaceae		
179	*Leucas aspera* (Willd.) Spr.	Gumu	Ervas
180	*Ocimum gratissimum* L.	Vadi Tulsi, Mara Tulsi	Ervas
181	*Ocimum sanctum* L.	Tulsi	Ervas
	Lemnaceae		
182	*Lemna gibba* L.	Paniji Sevar	Ervas
	Liliaceae		
183	*Espargos dumosus* Baker	-	arbusto
184	*Asparagus racemosus* Willd. *var. javanicus* (Kunth) Baker	Akal Kandha Ni Val, Chini Ji val	arbusto
185	*Chlorophytum tuberosum* (Roxb.) Baker	Karli, Karliji Bhaji	Ervas
	Lythraceae		
186	*Ammannia baccifera* L.	Rato Jal Agio	Ervas
	Malvaceae		
187	*Abutilon fruticosum* Guill. var. *fruticosum*	Saneri Dabariar	arbusto
188	*Abutilon indicum* (L.) Sw. subsp. *guineense* (Schum.) Borss.	Khapato, Dabaliar	arbusto
189	*Abutilon remosum* Guill.	-	arbusto
190	*Althea rosea(L.)* Cav.	-	Ervas
191	*Hibiscus ovalifolius* (Forsk.) Vahl	San Bhindo, Kurad Val	arbusto
192	*Pavonia arabica* Steud. var. *Arabica*	Rato Balbuwaro	Ervas
193	*Pavonia zeylanica* Cav.	-	Ervas
194	*Sida acuta* Burm. f.	Adbau Balbuwaro, Vado Balbuwaro	Ervas
195	*Sida alba* L.	Bal Buvaro, Kharanto, Kandharo	Ervas
196	*Sida cordata* (Burm. f.) Borss	Pat balbuwaro, Nidhi Dhatuval	Ervas
197	*Sida cordifolia* L.	Barabovaro, Bal Bunwero, Bal Bunwarejo Zad	Ervas

198	*Sida ovata* Forsk.	-	Ervas
199	*Sida retusa* L.	Khetrau Barbuvaro	Ervas
200	*Sida tiagii* Bhandari	Bulbuwaro	Ervas
	Meliáceas		
201	*Azadirachta indica* A. Juss.	Limbdo, Neem	Árvore
	Menispermáceas		
202	*Cocculus hirsutus* (L.) Diels	Vegai, Vagval, Asipal	Alpinista
203	*Cocculus pendulus*(Forst.) Diels	Karipat, Karipad	Alpinista
204	*Cyclea peltata* (lam) Hk. F.&Th	-	alpinista
205	*Tinospora cordifolia* Roxb.	Guddaval, Gadu, Gaduji Val	Alpinista
	Mimosáceas		
206	*Acácia sp.*	Acácia binosa	arbusto
207	*Acacia leucophloea* (Roxb.) Willd.	Hirmo, Haramu	Árvore
208	*Acacia nilotica* (L.) Del. subsp. *indica*(Bth.) Brenan	Deshi Baval, Bavar	Árvore
209	*Acacia senegal(L.)* Willd.	Kher, Gorad	Árvore
210	*Acacia tortalis* (Forsk.) Hayne.	Israil Baval	Árvore
211	*Albizia amara* Boivin *var. amara*	Aso Sarsado	Árvore
212	*Mimosa hamata* Willd.	Kai bavari, Kai, Zanjani, Zinjani	Arbusto
213	*Prosopis cineraria* (L.) Druce	Kandhi, Khajdo, Kando	Árvore
214	Prosopis juliflora SW (DC.)	Vilayati Baval	Arbusto
215	*Acacia jacquemontii* Bth.	Harmo Baval	Arbusto
	Molluginaceae		
216	*Gisekia pharnaceoides* L. var. *pharnacioides*	-	Ervas
217	*Glinus lotoides* L.	Aso Okharad	Ervas
218	*Mollugo pentaphylla* L.	-	Ervas
	Moráceas		
219	*Ficus benghalensis* L. var. *benghalensis*	Vad Jo Zad	Árvore
	Moringaceae		
220	*Moringa concanensis* Nimmo	Kharo Saragvo, Kadvi Saragvo, Dungar Jo Sargave Jo Zad	Árvore
	Nyctaginaceae		
221	*Boerhavia diffusa* L.	Sunny Dhokariaur	Ervas
222	*Commicarpus verticillatus* (Poir.) Standl.	Dhokariyar	Ervas
	Papaverceae		
223	*Argemone mexicana* L.	Darudi, Uzar Kandho, Piri Aakandho	Ervas
	Pedaliaceae		

224	*Pedalium murex* L.	Ubhera Gokhru, Kadua Gokhru	Ervas
225	*Senra incana* Cav.	Jangli kala, Aadbau Kapas	arbusto
226	*Sesamum laciniatum* Klein ex Willd.	Adbau Tal, Vagdau Tir, Kag Tir	Ervas
	Plumbaginaceae		
227	*Plumbago zeylanica* L.	Vara Val, Gadar Zipto	Ervas
	Poaceae		
228	*Acrachne racemosa* (Heyne ex R. & S.) Oswi	Chinkhiyu	Relva
229	*Aeluropus lagopoides* (L.) Trin. ex Thw.	Khario Ga, Kharo Ga	Relva
230	*Apluda mutica* L.	Bhungario Ga, Fulari Ga	Relva
231	*Aristida adscensionis* L. *subsp. adscensionis*	Jandhar Lambha Ga, Lampdo	Relva
232	*Aristida funiculata* Trin. & Rupr.	Laso Lambh	Relva
233	*Bothriochloa glabra* (Roxb.) A. Camus	Dharfo	Relva
234	*Cenchrus biflorus* auct.	Dhaman Gha, Anajaniyo	Relva
235	*Cenchrus ciliaris* L.	Dhaman Gha	Relva
236	*Cenchrus setigerus* Vahl	Dhaman Gha	Relva
237	*Chloris barbata* Sw.	Rusad Gha, Punjaniu Ga	Relva
238	*Chrysopogon fulvus* (Spr.) Shiov.	Khad Sundhiyu Ga	Relva
239	*Cymbopogon jwarancusa* (Jones) Schult.	-	Relva
240	*Cymbopogon martinii* (Roxb.) Wats	Rosha Gha	Relva
241	*Cynodon dactylon* (L.) Pers.	Chhabbar Gha	Relva
242	*Dactyloctenium aegypticum* (L.) P. Beauv.	Kagatango Gha, Vado	Relva
		Mandanu	
243	*Dactyloctenium sindicum* Boiss.	Chund Gha, Sano Madanu, Nindho Madanu	Relva
244	*Desmostachya bipinnata* (L.) Stapf	Darab, Gha, Dab	Relva
245	*Dichanthium annulatum* (Forak.) Stapf	Dunuhi gha, Jinjavo	Relva
246	*Digitaria pennata* (Höchst.) Cooke	-	Relva
247	*Dinebra retroflexa* (Vahl) Panz	-	Relva
248	*Echinochloa colonum* (L.) Link	Sanvadha Sau, Samu	Relva
249	*Eleusine compressa* (Forsk.) Aschers. & Schweinf.	Gandhiro Gha, Mandanu Gha, Gaantharo, Mandanu	Relva
250	*Eleusine indica* (L.) Gaertn.	Adbau Madanu	Relva
251	*Elyonurus royleanus* Nees ex A. Rich.	-	Relva
252	*Eragrostis ciliaris* (L.) R. Br. *var.ciliaris*	Fuliyu Gah	Relva
253	*Eragrostis pilosa* (L.) P. Beauv.	-	Relva
254	*Eragrostis tenella* (L.) P. Beauv. ex R. & S.	Limor, Kalavo	Relva
255	*Halopyrum mucronatum* (L.) Stapf	Dariyai Kans, Sari Ga, Kans	Relva

256	*Heteropogon contortus* (L.) P.Beauv. ex.R. & S.	Dungar Gha, Surianadha, Chhuro	Relva
257	*Melanocenchrus jacquemontii* J. & S.	Vekar	Relva
258	*Panicum antidotale* Retz.	Gum Gha, Dham Gha	Relva
259	*Pennisetum typhoides* A. Rich.	Bajri	Relva
260	*Phragmites karka* (Retz.) Trin. Ex Steud.	Anchi, Nadi	Relva
261	*Saccharum bengalense* Retz.	Munj	Relva
262	*Setaria glauca* (L.) P. Beauv.	Sani Bhichdi, Sani Zipti	Relva
263	*Sorghum halepense* (L.) Pers.	Baru Gha	Relva
264	*Sporobolus coromandelianus* (Retz.) Kunth	Khariyu Ga	Relva
265	*Sporobolus fertilis* (Steud.) Clayton	Ganthiar, Khari Ga, Palangi	Relva
266	*Sporobolus helvolus* (Trin.) Th. Dur. et Sch	Khevai	Relva
267	*Sporobolus maderaspatensis* Bor	Khevai Ga	Relva
268	*Sporobolus marginatus* Hochst. ex A. Rich.	Khevai Ga	Relva
269	*Tragus biflorus* (Roxb.) Schult.	Gah	Relva
270	*Triticum aestivum* L.	Gahu, Gaun	Relva
271	*Urochondra setulosus* (Trin.) Hubb	Kkariyu Gah	Relva
272	*Zea mays* L.	Makai	Relva
	Polygalaceae		
273	*Polycarpaea corymbosa* (L.) Lam.	Jangali soa, Rupa phali	Ervas
274	*Polygala chinensis* L.	Piri Patsan	Ervas
275	*Polygala erioptera* DC. var. *erioptera*	Patsan	Ervas
276	*Polygala irregularis* Boiss.	Patsan	Ervas
	Polygonaceae		
277	*Antigonon leptopus* Hk. & Arn.	Gelado Val	Alpinista
278	*Polygonum plebeium* R. Br. var. *indica* (Heyne ex Roth) Hook.	Ratanjyot	Ervas
	Portulacaceae		
279	*Portulaca oleracea* L.	Lakha Luni, Vadiluni, Kunbo	Ervas
	Priplocaceae		
280	*Periploca aphylla* Decne	Rati Khip, Siriyar Khip, Shingadiyo	arbusto
	Rhamnaceae		
281	*Zizyphus nummularia* (Burm. F.) W. & A.	Bordi, Boedi, Chania Bor	arbusto
	Rubiáceas		
282	*Borreria articularis* (L.f.) F.N. Will.	Bikan, Baakan Jo Zad	Ervas
283	*Borreria pusilla* (Wall.) DC.	Bikan	Ervas

284	*Oldenlandia corymbosa* L.	-	Ervas
	Salvadoráceas		
285	*Salvadora oleoides* Decne.	Mithi Zar, Mithi Pilujo Zad	Árvore
286	*Salvadora persica* L.	Khari Zar, Pailu	Árvore
	Sapindáceas		
287	*Cardiospermum halicacabum* L.	Bkan Fofti, Tridhari Val, Popti	Alpinista
	Scrophulariaceae		
288	*Bacopa monnieri* (L.) Pennell	Kadvi Naveri, Naveri	Ervas
289	*Campylanthus ramosissimus* Wt	-	arbusto
290	*Kickxia ramossisima* (Wall.) Janch.	Bhit Val, Bhi Chatti	Ervas
291	*Striga angustifolia* (D. Don) Saldhana	Kunvario	Ervas
	Solanáceas		
292	*Lindenbergia muraría* (Roxb. Ex D. Don) P. Bruehl	Piri Sadedi, Zamar Val	Ervas
293	*Lycium barbarum L.*	Garothi, Gerati, Gerothi, Khareti	Arbusto
294	*Physalis longifolia* Nutt.	Fofati, Fad, Fotaji Val	Ervas
295	*Physalis minima* L.	Fofati, Fad, Fotaji Val	Ervas
296	*Solanum albicaule* Kotschy ex Dunal	-	arbusto
297	*Solanum indicum* L.	Vad Ringni, Mot Ringni	Ervas
298	*Solanum nigrum* L.	Kamperu	Ervas
299	*Solanum surattense* Burm. f.	Jangali Ringani, Pat Ringani	Ervas
	Sterculiaceae		
300	*Melhania futteyporensis* Munro ex Masters var. *major* (Blatt. & Hallb.) Santapau	Adbau Khapat	Ervas
301	*Vernonia cinerea* (L.) Less.	Sadodi, Kadu Kariyato, Sap Val	Ervas
302	*Waltheria indica* L.	Pilu Fulaju Zadvu	arbusto
303	*Melhania futteyporensis* Munro ex Masters var. *futteyporensis*	Adbau Khapat	arbusto
304	*Helicteres isora* L.	Aatadi, Anati Maeda, Singi	Arbusto
	Tamaricáceas		
305	*Tamarix aphylla* (L.) Karst.	Lai	Árvore
306	*Tamarix ericoides* Rottl.	Lai Jo Zad	Arbusto
307	*Tamarix troupii* Buraco	Lai, Ratilai	Arbusto
	Tiliaceae		
308	*Corchorus aestuans* L.	Kag Gisodi, Kag Kela	Ervas
309	*Corchorus depressus* (L.) Stocks	Mundheri, Munderi	Ervas
310	*Corchorus olitorius* L.	Kag Gisoda, Gunpat	Ervas
311	*Corchorus tridens* L.	-	Ervas

312	*Corchorus urticaefolius* W.&.A.	Khetrau Surval	Ervas
313	*Grewia tenax* (Forsk.) Fiori	Gangati, Gangi, Gangni	arbusto
314	*Grewia villosa* Willd.	Luo, Luejo Zad, Luskejo Zad	Arbusto
315	*Triumfetta rhomboidea* Jacq.	Bhurati, Zepati	Ervas
	Typhaceae		
316	*Typha angustata* Bory & Chaub	Gha Bajariu	Ervas
	Verbenáceas		
317	*Clerodendrum phlomidis* L.	Tankaro, Arani	Arbusto
318	*Phyla nodiflora* (L.) Greene	Rato Ukharar, Ratval	Ervas
319	*Premna resinosa* Schau	Nidhi Kundher	arbusto
	Vitaceae		
320	*Cayratia carnosa* (Lam.) Gagnep.	Khatumbadi Ji Val	Alpinista
	Zygophyllaceae		
321	*Fagonia bruguieri* DC. var. *bruguieri*	Dhramau, Dhamaso, Kandhera	Ervas
322	*Fagonia schweienfurthii* (Hadidi) Hadidi	Dhramau, Dhamaso, Kandhera	Ervas
323	*Tribulus rajasthanensis* Bhandari et Sharma	Akanthi, Mitha Gokharu	Ervas
324	*Tribulus terrestris* L.	Akanthi, Mitha Gokharu	Ervas
325	*Zornia gibbosa* Span	Bepani	Ervas
326	*Zygophyllum simplex* L.	Pat Lani	Ervas

Anexo 1.2: espécies vegetais de importância para a conservação

Sr. No.	Conservation Significance Species	Local name	Habit`	Family
1	*Campylanthus ramosissimus* Wt.	-	shrub	Scrophulariaceae
2	*Citrullus colocynthis* (L.) Soland.	Truja Val	Climber	Cucurbitaceae
3	*Commiphora wightii* (Arn.) Bhandari	Gugar,	Tree	Burseraceaae
4	*Convolvulus stocksii* Boiss.	-	Herb	Convolvulaceae
5	*Corallocarpus conocarpus* (D. & G.) Cl.	Navi Val	Climber	Cucurbitaceae
6	*Dactyliandra welwitschii* Hk. f.	Aankh Futamna	Climber	Cucurbitaceae
7	Ephedra foliata Boiss. & Kotschy ex Boiss.	Andhoi Khip	Shrub	Ephedraceae
8	*Helicrysum cutchicum* (C.B.Cl.) Rolla Rao et Des.	Dholu Fuladu	Herb	Asteraceae
9	*Heliotropium bacciferum* Forsk. Var. *suberosum* (Clarke) Bhandari	-	Herb	Boraginaceae
10	*Heliotropium rariflorum* Stocks	Jakhau	Herb	Boraginaceae
11	*Indigofera caerulea* Roxb. *Var. monosperma* (Sant.) Sant.	Rangagi Gari	Herb	Fabaceae
12	*Ipomoea kotschyana* Hoc. ex Choisey	Bhoyan Fotiyargi Val	Herb	Convolvulaceae
13	*Sida tiagii* Bhandari	Bulbuwaro	Herb	Malvaceae
14	*Tribulus rajasthanensis* Bhandari et Sharma	Akanthi, Mitha Gokharu	Herb	Zygophyllaceae

Anexo 1.3: Indicadores de diversidade de espécies arbóreas

	Dominance_D		Simpson_1-D		Margalef		Equitability_J	
Habitat	**Index value**	**Mean ± SD**	**Index value**	**Mean ± SD**	**Index value**	**Mean ± SD**	**Index value**	**Mean ± SD**
Overall	0.21	0.46 ± 021	0.78	0.53 ± 0.21	2.52	1.06 ±0.55	0.56	0.76± 0.16
Forest	0.22	0.47 ±0.01	0.77	0.46 ± 0.15	2.57	1.04± 0.04	0.54	0.71± 0.01
AF	0.32	0.56 ±0.19	0.67	0.43 ± 0.19	2.02	1.04± 0.53	0.52	0.89± 0.40
ES	0.44	0.42 ± 0.19	0.55	0.33 ± 0.27	1.25	1.00± 0.45	0.53	0.77 ±0.13
MTF	0.21	0.42 ± 0.15	0.78	0.57± 0.19	2.38	1.00 ±0.59	0.62	0.77 ±0.14
PF	0.25	0.52 ±0.25	0.74	0.62± 0.15	1.15	0.97± 0.52	0.75	0.83 ±0.17
Grassland	0.18	0.46 ± 0.21	0.81	0.54± 0.21	1.58	1.09± 0.60	0.8	0.81± 0.11
SG	0.2	0.39 ± 0.14	0.79	0.47± 0.25	1.45	1.23± 0.58	0.78	0.81± 0.10
DG	0.27	0.66 ±0.27	0.72	0.60± 0.14	1.13	0.63± 0.47	0.79	0.78± 0.18
Wetland	0.36	0.59 ± 0.38	0.63	0.40± 0.31	1.47	0.92± 0.90	0.7	0.90± 0.03
Agriculture	0.34	0.53 ±0.15	0.65	0.53± 0.21	1.1	0.80± 0.28	0.63	0.75± 0.17

Anexo 1.4: Índices de diversidade de espécies arbustivas

	Domínio_D		Simpson_1-D		Margalef		Equitabilidade_J	
Habitat	Valor do índice	Média ± DP	Valor do índice	Média ± DP	Valor do índice	Média ± DP	Valor do índice	Média ± DP
Em geral	0.12	0.28± 0.22	0.87	0.71± 0.22	5.52	2.00± 0.89	0.68	0.80±0.16
Floresta	0.11	0.28± 0.01	0.88	0.68± 0.18	5.33	2.00± 0.06	0.7	0.78±0.01
AF	0.09	0.22± 0.14	0.9	0.77± 0.13	5.33	2.14± 0.70	0.77	1.89±0.48
ES	0.1	0.16± 0.07	0.89	0.27 ±0.20	4.42	2.49± 0.64	0.77	0.85± 0.08
MTF	0.08	0.16± 0.07	0.91	0.83± 0.07	5.44	2.49± 0.64	0.75	0.85 ±0.08
PF	0.29	0.40± 0.27	0.7	0.82± 0.09	3.94	1.56 ±0.82	0.58	0.66± 0.25
Prados	0.13	0.37± 0.27	0.86	0.76± 0.18	5.2	1.53 ±0.92	0.68	0.79 ±0.19
SG	0.12	0.23± 0.11	0.87	0.59± 0.27	5.39	2.01± 0.66	0.73	0.85± 0.10
DG	0.64	0.72± 0.20	0.35	0.76 ±0.11	1.18	0.49± 0.42	0.35	0.58± 0.24
Zona húmida	0.57	0.63± 0.30	0.42	0.36 ±0.30	2.79	0.83± 0.93	0.42	0.74 ±0.03
Agricultura	0.29	0.31± 0.18	0.7	0.62 ±0.27	4.55	1.55 ±0.69	0.53	0.79± 0.16

Anexo 1.5: Índices de diversidade de espécies trepadeiras

	Domínio_D		Simpson_1-D		Margalef		Equitabilidade_J	
Habitat	Valor do índice	Média ± SD	Valor do índice	Média ± SD	Valor do índice	Média ± SD	Valor do índice	Média ± SD
Em geral	0.18	0.52± 0.28	0.81	0.71±0.22	4.51	0.98 ±0.67	0.66	0.86±0.12
Floresta	0.18	0.52± 0.02	0.81	0.38±0.33	4.42	0.95±0.05	0.67	0.69±0.02
AF	0.21	0.60 ±0.34	0.78	0.39±0.34	3.37	0.95±0.77	0.68	0.85±0.12
ES	0.18	0.44±0.25	0.81	0.41±0.22	3.94	1.14±0.65	0.7	0.85 ±0.09
MTF	0.17	0.44±0.23	0.82	0.55±0.25	4.13	1.14±0.66	0.71	0.87 ±0.10
PF	0.18	0.58 ±0.30	0.81	0.55±0.23	3.53	0.84±0.63	0.74	0.86±0.12
Prados	0.21	0.53±0.26	0.78	0.48±0.28	3.44	0.86±0.62	0.68	0.88 ±0.11
SG	0.23	0.54±0.27	0.76	0.41±0.30	3.51	0.80±0.61	0.67	0.86±0.13
DG	0.25	0.58±0.22	0.74	0.45±0.27	1.63	0.88±0.61	0.82	0.84±0.14
Zona húmida	0.16	0.41±0.20	0.81	0.58±0.20	4.42	1.10±0.55	0.67	0.81±0.09
Agricultura	0.3	0.61±0.33	0.69	0.46±0.26	2.26	0.77±0.76	0.65	0.91±0.05

Anexo 1.6: Indicadores de diversidade de espécies arbóreas por zona

	Domínio_D		Simpson_1-D		Margalef		Equitabilidade_J	
Habitat	Valor do índice	Média ± SD	Valor do índice	Média ± SD	Valor do índice	Média ± SD	Valor do índice	Média ± SD
global	0.21	0. 46± 021	0.78	0. 53± 0.21	2.52	1. 06± 0.55	0.56	0. 76± 0.16
Z1	0.23	0.41± 0.16	0.76	0. 58± 0.16	2.12	1. 14± 0.76	0.67	0. 81± 0.13
Z2	0.25	0.47± 0.25	0.74	0.52± 0.25	2.68	1. 24± 0.75	0.6	0. 76± 0.17
Z3	0.24	0.45± 0.16	0.75	0.54± 0.16	1.34	0. 98± 0.39	0.72	0. 74± 0.19
Z4	0.23	0.46± 0.20	0.76	0.53 ±0.20	2.05	1. 17± 0.54	0.65	0. 73± 0.18
Z5	0.21	0.45± 0.20	0.78	0.54± 0.20	1.35	1. 18± 0.49	0.75	0. 73± 0.18
Z6	0.23	0.56± 0.26	0.76	0.43± 0.26	1.28	0. 86± 0.60	0.73	0.72 ± 0.20
Z7	0.23	0.40± 0.13	0.76	0.56± 0.13	1.76	1. 09± 0.43	0.67	0.79 ± 0.13
Z8	0.19	0.44± 0.19	0.8	0.55± 0.19	1.49	1.04 ± 0.54	0.77	0. 80± 0.09
Z9	0.2	0.49 ± 0.25	0.79	0.50 ± 0.25	1.75	0.86 ± 0.46	0.74	0. 80± 0.13

Anexo 1.7: Índices de diversidade de espécies arbustivas por zona

	Domínio_D		Simpson_1-D		Margalef		Equitabilidade_J	
Habitat	Índice valor	Média ± SD	Índice valor	Média ± SD	Índice valor	Média ± SD	Índice valor	Média ± SD
global	0.12	0.28± 0.22	0.87	0.71 ± 0.22	5.52	2.00 ± 0.89	0.68	0.80 ±0.16
Z1	0.27	0.22± 0.12	0.72	0.77 ± 0.12	3.67	2.09 ± 0.90	0.6	0.84 ±0.10
Z2	0.15	0.29 ±0.22	0.84	0.70 ± 0.22	4.78	1.86 ±0.78	0.72	0.77 ± 0.20
Z3	0.28	0.24± 0.11	0.71	0.75 ± 0.11	4.45	2.08 ± 0.65	0.56	0.81 ± 0.09
Z4	0.14	0.28± 0.24	0.85	0.71 ± 0.24	4.92	2.09 ± 0.86	0.72	0.78 ± 0.18
Z5	0.12	0.26± 0.22	0.87	0.73 ± 0.22	4.98	1.96 ±0.87	0.73	0.80 ±0.20
Z6	0.11	0.26± 0.18	0.88	0.73 ± 0.18	5.24	2.06 ±0.87	0.74	0.81 ± 0.14
Z7	0.11	0.21± 0.14	0.88	0.78 ±0.14	5.61	2.39 ± 0.68	0.74	0.82 ± 0.11
Z8	0.14	0.26 ±0.21	0.85	0.73 ± 0.21	4.78	1.93 ± 0.80	0.71	0.84 ± 0.09
Z9	0.14	0.42± 0.31	0.85	0.57 ±0.31	4.2	1.63 ± 1.26	0.71	0.74 ±0.20

Anexo 1.8: Índices de diversidade de espécies trepadeiras por zona

	Domínio_D		Simpson_1-D		Margalef		Equitabilidade_J	
Habitat	Índice valor	Média ± SD	Índice valor	Média ± SD	Índice valor	Média ± SD	Índice valor	Média ± SD
global	0.18	0.52 ± 0.28	0.81	0.71 ± 0.22	4.51	0.98 ± 0.67	0.66	0.86 ± 0.12
Z1	0.31	0.59 ± 0.31	0.68	0.40 ± 0.31	2.38	0.74 ± 0.59	0.58	0.90 ±0.11
Z2	0.19	0.53 ± 0.29	0.8	0.46 ± 0.29	3.13	0.85 ± 0.73	0.7	0.89 ± 0.06
Z3	0.17	0.57 ± 0.32	0.82	0.42 ±0.32	3.28	0.85 ± 0.76	0.8	0.87 ± 0.12
Z4	0.22	0.55 ± 0.31	0.77	0.44 ± 0.31	3.54	0.98 ± 0.74	0.72	0.87 ±0.14
Z5	0.21	0.50 ± 0.28	0.78	0.49 ± 0.29	3.87	1.03 ±0.64	0.68	0.85 ±0.12
Z6	0.15	0.46 ± 0.26	0.84	0.53 ±0.26	4.16	1.10 ±0.76	0.74	0.83 ± 0.13
Z7	0.23	0.51 ±0.27	0.76	0.48 ± 0.27	2.93	1.00 ± 0.57	0.69	0.82 ± 0.12
Z8	0.17	0.48 ±0.23	0.82	0.51 ± 0.23	3.2	1.05 ± 0.54	0.79	0.89 ±0.08
Z9	0.16	0.51 ±0.28	0.83	0.48 ±0.28	3.75	1.02 ±0.71	0.76	0.86 ± 0.11

1.

2.

Anexo 2.1:

Questionário utilizado para o inquérito aos agregados familiares durante o presente estudo

Avaliação ambiental regional

Inquérito socioeconómico em Kachchh, Gujarat

Questionário a nível do agregado familiar

Nome do inspetor:

Data do inquérito:

1. Taluka: 2. aldeia: 3. nome do inquirido:

4. Fundição 5. Religião 6. Membros da família:

Nome	Idade	Sexo	Qualificação académica	Ocupação		Despesas anuais	
				Principal	Outros	Alimentação	Outros

7. Tipo de casa: a. Kachchab . Pakka

8. Eletricidade: a. Sim b. Não

9. Saneamento: a. Sim b. Não

10. Propriedade fundiária (ha): a. Agricultura b. Residência c. Outra (especificar)

11. Tipo de terra: a. Terras irrigadas b. Terras não irrigadas c. Terras baldias

12. Padrão de cultivo:

Época	Nome da cultura	Área de cultivo (ha)	Produto total (kg)

13. Tem animais vivos? a. Sim b. Não

Estoque vivo	Masculino	Feminino	Total

Ovinos			
Cabra			
Camelo			
Vaca			
Búfalo			
Touro			
Outros (especificar)			

14. Rendimento anual:

Agricultura	**Despesas**	**Rendimento**
1. monção		
2.inverno		
3.verão		
4. leite e produtos lácteos		
5. salários diários		
6. outros (especificar)		

15. Qualquer problema de saúde relacionado com as minas e a indústria: a. Sim b. Não

Se sim, o que é que acontece?

16. Controlo medico a. Sim b. Não

Em caso afirmativo, quantas vezes por mês?

17. Que tipo de vacinação? a. Sim b. Não

Se sim, então todas as vacinas que as crianças recebem?

18. A irmã veio à sua aldeia para ser vacinada: a. Sim b. Não

Em caso afirmativo, quantas vezes por mês?

19. Migração:

Migração	Não	Período de tempo	Local		Tipo de trabalho	Dias úteis
			Nome	Distância		
Apenas o chefe de família						
Com a família						
Com gado						

20. Recurso energético:

Fonte de energia	Montante	Fonte	Despesas (anuais)
Lenha			
Carvão vegetal			
Gás Gobar			
Gás GPL			
Armazém solar			
Outros (especificar)			

21. Quais são os benefícios que obtém da exploração mineira e da indústria perto da sua aldeia?

a. Aumento do rendimento b. Facilidade de transporte c. Eletricidade d. Outros/se houver, especificar

22. Quais são as desvantagens da aldeia mineira e industrial?

a. Doenças

b. Problema nas terras agrícolas

c. Diminuição da qualidade das culturas

d. Outros (especificar)

23. Problema com a vida selvagem: a. Sim b. Não

Se sim, então

Animal	Natureza dos danos	Perda anual (Rs)

Natureza dos danos: Morte ou ferimento de pessoas, levantamento de gado, depredação de culturas

24. Quais são as suas principais preocupações ambientais devido à exploração mineira e a outros desenvolvimentos?

25. O que é que sugere para melhorar a qualidade do ambiente na sua aldeia?

Anexo 2.2: Equipamentos básicos nas aldeias incluídas na amostra (S=Sim e N=Não)

S. No.	Village Names	Water					Health				Education			Trans port		Energy		
		No of Tanks	No of Tube Well	No of Pond	No of Wells	No of Canals	Community Health Centre	Primary Health Centre	Sub Center	GMDC Ambulance	No. of Primary Schools	No. of Secondary Schools	No. of Senior Secondary Schools	Government public transport	Privately owned bus service	Liquified Petroleum Gas	Electricity	Fuelwood and charcoal
1	Panandhro	1	2	2	4	0	0	N	Y	Y	1	1	0	Y	Y	N	Y	Y
2	Fulra	3	0	2	0	1	0	N	N	Y	1	0	0	Y	Y	N	Y	Y
3	Khanot	2	0	1	1	0	0	N	N	Y	1	0	0	N	Y	N	Y	Y
4	Guneri	1	0	0	6	0	0	N	N	N	1	0	0	N	Y	N	Y	Y
5	Dhareshi	3	0	1	2	1	0	N	N	Y	1	0	0	Y	Y	N	Y	Y
6	Punrajpar	2	0	2	2	0	0	N	N	Y	1	0	0	N	Y	N	Y	Y
7	Shinapar	2	0	1	0	0	0	N	N	Y	1	0	0	N	Y	N	Y	Y
8	Malda	2	0	2	0	0	0	N	N	Y	0	0	0	N	Y	N	Y	Y
9	Baiyava	1	0	4	3	0	0	N	N	Y	1	0	0	N	Y	N	Y	Y
10	Umarsar	2	0	2	0	0	0	N	N	Y	1	0	0	Y	Y	N	Y	Y
11	Chhuger	1	0	1	0	0	0	N	N	Y	1	0	0	Y	Y	N	Y	Y
12	Mundhvay	2	0	2	0	1	0	N	N	Y	1	0	0	N	Y	N	Y	Y
13	Akri	1	0	1	0	0	0	N	N	Y	0	0	0	N	Y	N	Y	Y
14	Mindhyari	1	0	1	0	1	0	N	N	Y	1	0	0	N	Y	N	Y	Y
15	Subhaspar	2	0	2	0	1	0	N	N	Y	1	0	0	N	Y	N	Y	Y
16	Kaner	1	0	1	0	0	0	N	N	N	1	0	0	Y	Y	N	Y	Y
17	Naredi	2	0	1	0	0	0	N	N	Y	1	0	0	N	Y	N	Y	Y
18	Lifri	2	0	3	0	0	0	N	N	Y	1	0	0	N	Y	N	Y	Y
19	Dedrani	0	0	0	1	0	0	N	N	Y	0	0	0	N	Y	N	N	Y
20	Mata na Madh	2	1	3	3	0	0	Y	N	Y	1	1	0	Y	Y	N	Y	Y
21	Bhadara nana	1	0	1	1	0	0	N	N	Y	1	1	0	Y	Y	N	Y	Y
22	Ashaldi	2	0	2	1	0	0	N	N	N	1	0	0	N	Y	N	Y	Y
23	Paneli	1	0	3	1	1	0	N	N	N	1	0	0	Y	Y	N	Y	Y
24	Valka Mota	1	0	2	1	1	0	N	N	N	1	0	0	Y	Y	N	Y	Y
25	Gadani	2	1	2	2	0	0	N	N	N	1	0	0	Y	Y	Y	Y	Y

S. No.	Village Names	Water					Health				Education			Trans port		Energy		
		No of Tanks	No of Tube Well	No of Pond	No of Wells	No of Canals	Community Health Centre	Primary Health Centre	Sub Center	GMDC Ambulance	No. of Primary Schools	No. of Secondary Schools	No. of Senior Secondary Schools	Government public transport	Privately owned bus service	Liquified Petroleum Gas	Electricity	Fuelwood and charcoal
26	Ravapar (navavas)	2	0	1	0	0	0	N	Y	N	1	1	1	Y	Y	Y	Y	Y
27	Nagviri	2	0	2	0	0	0	N	N	N	1	0	0	Y	Y	N	Y	Y
28	Lakshmipur	2	26	2	30	0	0	N	N	N	1	0	0	Y	Y	N	Y	Y
29	Bandiyara	1	0	1	0	0	0	N	N	N	1	0	0	N	Y	N	Y	Y
30	Bhadara Mota	1	0	1	0	1	0	N	N	Y	1	0	0	Y	Y	N	Y	Y
31	Kandhora	1	0	1	0	0	0	N	N	Y	1	0	0	N	Y	N	Y	Y
32	Kotda	2	0	2	2	1	0	N	N	Y	1	0	0	Y	Y	N	Y	Y
33	Kuvapadar	1	0	1	0	0	0	N	N	N	1	0	0	N	Y	N	Y	Y
34	Bharapar (Bhadra)	1	0	1	0	0	0	N	N	N	1	0	0	N	Y	N	Y	Y
35	Jagliya	4	2	1	0	0	0	N	N	N	1	0	0	Y	Y	N	Y	Y
36	Dolatpar	0	0	1	2	0	0	N	Y	N	1	0	0	Y	Y	Y	Y	Y
37	Jadva	2	0	3	1	0	0	N	N	N	1	0	0	N	Y	N	Y	Y
38	Rodasar	1	0	1	0	0	0	N	N	N	1	0	0	N	Y	N	Y	Y
39	Lakhmirani	2	0	1	0	0	0	N	N	N	1	0	0	N	Y	N	Y	Y
40	Bhudha	1	0	1	0	0	0	N	N	N	1	0	0	N	Y	N	Y	Y
41	Naredo	1	0	1	0	0	0	N	N	N	1	0	0	Y	Y	N	Y	Y
42	Mori	1	0	0	0	0	0	N	N	N	0	0	0	N	Y	N	N	Y
43	Pipar	1	1	0	2	0	0	N	N	N	1	0	0	Y	Y	N	Y	Y
44	Hothiay	2	0	1	0	0	0	N	N	N	1	0	0	Y	Y	N	Y	Y
45	Khirsara	1	0	1	0	0	0	N	N	N	1	0	0	Y	Y	N	Y	Y
46	Golay	1	0	3	0	0	0	N	N	N	1	0	0	N	Y	N	Y	Y
47	Ber Moti	2	1	2	0	0	0	N	Y	N	1	0	0	Y	Y	N	Y	Y
48	Ber Nani	1	0	1	0	0	0	N	N	N	1	0	0	Y	Y	N	Y	Y
49	Pakho	1	0	1	0	0	0	N	N	N	1	0	0	N	Y	N	Y	Y
50	Kharai	1	0	2	0	0	0	N	N	N	1	0	0	Y	Y	N	Y	Y
51	Harudi	2	0	2	1	0	0	N	N	N	1	0	0	Y	Y	N	Y	Y

S. No.	Village Names	Water					Health				Education			Trans port		Energy		
		No of Tanks	No of Tube Well	No of Pond	No of Wells	No of Canals	Community Health Centre	Primary Health Centre	Sub Center	GMDC Ambulance	No. of Primary Schools	No. of Secondary Schools	No. of Senior Secondary Schools	Government public transport	Privately owned bus service	Liquified Petroleum Gas	Electricity	Fuelwood and charcoal
52	Baranda	2	0	2	3	0	0	Y	N	N	1	0	0	Y	Y	N	Y	Y
53	Gugariya na	1	0	1	0	0	0	N	N	N	1	0	0	N	Y	N	Y	Y
54	Gunau	2	0	1	1	0	0	N	N	N	1	0	0	N	Y	N	Y	Y
55	Navavas(Vandh)	1	0	3	0	0	0	N	N	N	1	0	0	N	Y	N	Y	Y
56	Amiya	1	0	1	0	0	0	N	N	N	1	0	0	N	Y	N	Y	Y
57	Meghpar	1	0	1	0	0	0	N	Y	N	1	0	0	N	Y	N	Y	Y
58	Haroda	1	0	1	2	0	0	N	N	N	1	0	0	N	Y	N	Y	Y
59	Valka nana	2	0	1	13	0	0	N	N	N	1	0	0	N	Y	N	Y	Y
60	Vigodi	2	0	1	70	0	0	N	N	N	1	0	0	Y	Y	Y	Y	Y
61	Gaduli	1	1	0	3	0	0	Y	N	N	1	1	0	Y	Y	Y	Y	Y
62	Bandiya	1	0	1	0	0	0	N	N	N	1	0	0	N	Y	N	Y	Y
63	Kanoj	4	2	0	1	1	0	N	N	N	1	0	0	Y	Y	N	Y	Y
64	Kaiyari	3	1	0	1	0	0	N	N	N	1	0	0	Y	Y	N	Y	Y
65	Chher Moti	2	0	0	2	0	0	N	N	N	1	0	0	Y	Y	N	Y	Y
66	Chher Nani	1	0	1	0	0	0	N	N	N	1	0	0	Y	Y	N	Y	Y
67	Kunari	1	0	2	1	0	0	N	N	N	1	0	0	N	Y	N	Y	Y
68	Akri-Moti	1	0	1	0	0	0	N	N	N	1	0	0	N	Y	N	Y	Y
69	Kapurasi	3	0	1	0	1	0	N	N	N	1	0	0	Y	Y	N	Y	Y
70	Karmata	1	0	1	0	0	0	N	N	N	1	0	0	N	Y	N	Y	Y
71	Lakhpat	1	0	1	16	0	0	N	N	N	1	0	0	Y	Y	N	Y	Y
72	Narayan Sarovar	2	0	1	0	0	0	N	Y	N	1	1	0	Y	Y	N	Y	Y
73	Tehra	1	0	2	0	0	0	N	N	N	1	0	0	N	Y	N	Y	Y
74	Thumdi	1	0	1	0	0	0	N	N	N	1	0	0	N	Y	N	Y	Y

Anexo 2.3: Estatísticas de recursos naturais geradas através de abordagens participativas utilizando o SIG.

Recursos naturais	Panadhro			Mata na madh			Jaduva			Total geral
	Núcleo	Tampão	Total	Núcleo	Tampão	Total	Núcleo	Tampão	Total	
1a nº de fontes de água (potável)	4	9	13	0	8	8	0	6	6	27
1a área em ha sob fontes de água (potável)	17	36	53	0	16	16	0	37	37	106
1b número de fontes de água (agricultura)	3	4	7	5	9	14	0	12	12	33
1b superfície em ha sob fontes de água (agricultura)	32	380	411	45	82	127	0	244	244	782
1c nº de fontes de água (gado)	2	34	36	3	13	16	2	31	33	85
1c área em ha sob fontes de água (gado)	9	23	32	9	51	61	21	215	236	328
2a N.º de aldeias minas de lenhite	3	6	9	0	0	0	0	0	0	9
2a superfície em ha das minas de lenhite	2099	1833	3932	0	0	0	0	0	0	3932
2b no de minas de calcário	3	13	16	3	8	11	1	14	15	42
2b superfície em ha das minas de calcário	102 4	3052	4076	156	1025	1181	243	6015	6258	11515
2c número de minas de bentonite	0	0	0	3	3	6	1	1	2	8
2c superfície em ha das minas de bentonite	0	0	0	327	435	762	1	165	166	928
2d no de minas de bauxite	0	0	0	1	0	1	0	0	0	1
2d área em ha de minas de bauxite	0	0	0	13	0	13	0	0	0	13
3a número de manchas florestais	4	22	26	3	8	11	1	17	18	55
3a superfície em ha sob coberto florestal	126 7	2324	3591	1452	1734	3186	1	2324	2324	9101

3b n.º de parcelas agrícolas	30	104	134	23	80	103	0	130	130	367
3b são em hectares de manchas agrícolas	4371	10119	14490	1915	15765	1768 0	0	12940	12940	45110
3 c n.º de manchas de terra de gaucher	8	52	60	4	15	19	3	58	61	140
3c são em ha sob manchas de terra gaucher	1582	8541	10123.1	3416	6907	10323	807	6849	7656	28102
4a número de espécies de árvores na aldeia	11	14	25	7	9	16	2	21	23	64
4a número de espécies de árvores na zona florestal adjacente	7	11	18	9	8	17	7	17	24	59
5 um número de espécies animais selvagens na floresta em redor da aldeia	9	10	19	7	8	15	6	10	16	50

Nota: Nas zonas centrais dos complexos mineiros de Mata-Na-Madh e Jadva, as zonas húmidas ou pequenos lagos existentes não estão a ser utilizados para beber, embora não haja uma ausência notória nesta zona específica.

MIX
Papier aus verantwortungsvollen Quellen
Paper from responsible sources
FSC® C105338

Printed by Books on Demand GmbH, Norderstedt / Germany